工科系のための
解析力学

九州大学名誉教授
理学博士

河辺哲次 著

裳華房

Analytical Dynamics for Engineering Students

by

Tetsuji Kawabe, Dr. Sc.

SHOKABO
TOKYO

はじめに

　本書は，大学の理工系学部の中でも，特に工科系の学生を意識した解析力学のテキストである．解析力学は，基礎教育レベルの力学を一通り学んだ後に学ぶのが一般的である．では，解析力学とは一体どのような学問だろうか？

　コンピュータの発達によって，身の回りの様々な物理的な現象や工学的な現象が数値的に解けるようになってきた．その基礎になるものは現象の数式化やモデル化である．そのために使われる有力な手法が，例えば，解析力学である．一旦モデルができれば，その運動方程式をプログラミングして数値シミュレーションができる．このように，解析力学は理工学分野の問題を解くための有力な解法ツールの1つになっている．

　解析力学の習得は，力学に比べて"明らかに難しい"．なぜなら，「はじめにニュートンの運動方程式ありき」という立場で出発する力学とは異なり，解析力学は「ハミルトンの原理に基づくラグランジュの運動方程式の導出」が出発点になるからである．また，ラグランジュの運動方程式とは別形式のハミルトンの運動方程式を導出するときにも，特別な変数変換が必要になるので難しさを感じる．

　解析力学では，新しい概念（一般座標，一般速度，一般運動量，ラグランジアン，ハミルトニアンなど）の導入と数式の変形や微積分による巧妙な書き換えなどを駆使して，運動方程式を導出するまでにかなり面倒で複雑な計算が延々と続く（ように見える）．そのため，導出の計算途中で何をやっているのかわからなくなったり，導いたラグランジュの運動方程式の物理的な意味や解釈が曖昧になったりすることが往々にして起こる．

　しかし，ラグランジュの運動方程式とハミルトンの運動方程式が正しく理

解できれば，解析力学の応用は力学に比べて"明らかに易しい"．なぜなら，解析力学はハミルトンの原理に基づく力学理論なので，どのような座標系でも運動方程式が同じ形になる（共変性）という特長をもっているからである．

　力学を学ぶときに誰もが経験するのは，問題を解く度に座標を選び，物体にはたらく力やその成分を具体的に考えて，運動方程式を導くという面倒な作業である．解析力学の素晴らしさは，共変性のおかげで，適切な座標を選べば，後は全く機械的に「解析的に」計算が進むことである．特に，解析力学の威力が発揮されるのは，工学の分野で頻出する多自由度の力学系の問題や束縛条件のある問題などを解くときである．

　解析力学はラグランジュ形式とハミルトン形式の2つの形式からなる力学理論で，ニュートンが構築した力学の枠を超えた普遍的な理論である．そのため，その適用範囲は，力学から相対論的力学，連続体力学，統計力学，電磁気学，場の理論にまでおよぶ．また，科学史的な観点からは，量子力学の成立過程でハミルトン形式が果たした役割は非常に重要であった．

　このように，解析力学は理論・実用の両面において優れた力学理論であるが，従来の多くのテキストでは理論的な側面に重きがおかれ，理工学の問題の解法ツールとしての役割はほとんど強調されてこなかった．

　そのため，本書では，解析力学の実用的な側面にも重きをおいて，実際の問題に応用できる力が養えるように，次の2つを目的とした．

- 解析力学とは何かを初歩から学び，基礎的な理論を理解する．
- 解析力学を使って，理工学の諸問題が解けるように応用力をつける．

この目的に沿って，前半の3つの章（第1章～第3章）を解析力学の基礎的な項目の解説に当て，後半の2つの章（第4章と第5章）を解析力学による問題の解法の解説に当てた．

　特に，ラグランジュの運動方程式は解析力学のコアに当たるので，この式の導出法や物理的な意味を十分に理解しておく必要がある．そのため，ハミルトンの原理に基づくやや抽象的な導出法を解説する前に，1.3節と2.2節

はじめに

でニュートンの運動方程式との対応関係を使った直観的で平明な導出方法を解説した．

そして，全体を通して，次のような点に留意した．

1. 基礎的な運動方程式の導出を丁寧に易しく解説する．
2. 計算の方法や手順を丁寧に解説する．
3. なぜ，いまこのような計算をするのか，理由がわかるようにする．
4. 問題を解きやすくするために，問題ごとに「着眼点と方針」を与える．
5. 第4章と第5章の問題解法に第1章〜第3章の知識が有効に活用されるように，双方向的な参照や解説を行なう．
6. 特に注意してほしい箇所にはアンダーラインを入れる．

このような点を重視しながら，解析力学が"わかって使える"ようになることを目標とした．

最後に，本書の構想から完成に至るまでの間，本文が読みやすく，わかりやすくなるように，いろいろと細部にわたって懇切丁寧なコメントやアドバイスを頂いた，裳華房企画・編集部の小野達也氏と須田勝彦氏に厚くお礼を申し上げます．

2012年10月

河辺哲次

目次

1. ニュートン力学と解析力学

1.1 なぜ解析力学を学ぶのだろう‥2
1.2 ニュートンの運動方程式‥‥‥4
　1.2.1 ニュートンの運動方程式の制約‥‥‥‥‥‥‥‥4
　1.2.2 運動方程式のベクトル表現‥‥‥‥‥‥‥‥‥‥6
1.3 解析力学の2つの形式‥‥‥‥13
　1.3.1 ラグランジュ形式‥‥‥‥15
　1.3.2 ハミルトン形式‥‥‥‥‥29
演習問題‥‥‥‥‥‥‥‥‥‥‥‥35

2. ラグランジュ形式の基礎

2.1 自由度と一般座標‥‥‥‥‥‥37
　2.1.1 自由度‥‥‥‥‥‥‥‥‥37
　2.1.2 一般座標‥‥‥‥‥‥‥‥40
2.2 ラグランジュの運動方程式‥‥43
　2.2.1 運動方程式の導出‥‥‥‥43
　2.2.2 循環座標と保存則‥‥‥‥54
2.3 一般力‥‥‥‥‥‥‥‥‥‥‥56
　2.3.1 一般力と仕事‥‥‥‥‥‥56
　2.3.2 減衰力と散逸関数‥‥‥‥61
2.4 変分法‥‥‥‥‥‥‥‥‥‥‥63
　2.4.1 停留値問題‥‥‥‥‥‥‥64
　2.4.2 仮想変位とオイラー方程式‥‥‥‥‥‥‥‥‥‥66
2.5 ハミルトンの原理と運動方程式‥‥‥‥‥‥‥‥‥‥‥71
2.6 束縛運動とラグランジュの未定乗数法‥‥‥‥‥‥‥‥77
演習問題‥‥‥‥‥‥‥‥‥‥‥‥82

3. ハミルトン形式の基礎

3.1 ハミルトンの運動方程式‥‥‥86
　3.1.1 ハミルトニアン‥‥‥‥‥86
　3.1.2 ハミルトンの運動方程式の導出‥‥‥‥‥‥‥‥88
3.2 配位空間と位相空間‥‥‥‥‥91
3.3 リウヴィルの定理‥‥‥‥‥‥96
　3.3.1 位相空間の測度‥‥‥‥‥97
　3.3.2 保存系と散逸系‥‥‥‥‥101
3.4 正準変換‥‥‥‥‥‥‥‥‥‥103
　3.4.1 変形ハミルトンの原理‥‥104
　3.4.2 母関数‥‥‥‥‥‥‥‥‥106
演習問題‥‥‥‥‥‥‥‥‥‥‥‥110

4. 力学問題へのアプローチ

- 4.1 簡単な運動 ················113
  - 4.1.1 物体と滑車 ···········113
  - 4.1.2 自由落下 ·············116
- 4.2 斜面を滑る質点 ···········118
  - 4.2.1 ニュートンの運動方程式で解く場合 ···········118
  - 4.2.2 ラグランジュの運動方程式で解く場合 ·········120
  - 4.2.3 ラグランジュの未定乗数法で解く場合 ·········121
- 4.3 斜面を転がる剛体 ·········124
  - 4.3.1 ニュートンの運動方程式で解く場合 ···········124
  - 4.3.2 ラグランジュの未定乗数法で解く場合 ·········126
- 4.4 ロボットアームの力学 ······129
- 4.5 クレーンの運動 ···········133
- 演習問題 ·······················136

5. 振動問題へのアプローチ

- 5.1 いろいろな振り子 ·········140
  - 5.1.1 単振り子 ·············140
  - 5.1.2 球面振り子 ···········146
  - 5.1.3 長さの変わる振り子 ····152
- 5.2 いろいろな自由度系の振動 ··155
  - 5.2.1 強制振動とダッシュポット ·················156
  - 5.2.2 車の揺れ ·············160
  - 5.2.3 連成振動 ·············163
  - 5.2.4 ビルの揺れ ···········170
- 5.3 剛体と連続体の振動 ········174
  - 5.3.1 剛体振り子 ···········174
  - 5.3.2 連続体の振動 ·········177
- 演習問題 ·······················181

付録　ラグランジュの未定乗数法の導出 ································184
演習問題解答 ···188
さらに勉強するために ···199
索　引 ···201

1. ニュートン力学と解析力学

　力学で学ぶニュートンの運動方程式は $m\boldsymbol{a} = \boldsymbol{F}$, つまり（質量）×（加速度）＝（力）という形をしている. $\boldsymbol{a}$ も $\boldsymbol{F}$ もベクトルなので, ニュートンの運動方程式は**ベクトル方程式**である. このため, 運動方程式を成分で表示すると, 用いる座標系によって運動方程式の形が変わる. これはニュートン力学のもつ難点であり, ニュートン力学を使っていく上で強い制約になる. なぜならば, 運動方程式はどのような座標系を使っても同じ形である方が, 理論的にも実用的にも明らかに優れているからである.

　ニュートン力学のこのような難点や制約を取り除いたのが**解析力学**である. では, どのようにしてこれらを取り除いたのだろうか？ ポイントは, 制約の原因であるベクトル方程式を用いなかったことである. つまり, スカラー量だけで記述される運動方程式を構築したことである. このようなスカラーの運動方程式のつくり方には2通りあり, それが**ラグランジュ形式**と**ハミルトン形式**という2つの形式である.

　本章では, ニュートン力学のもつ難点や制約を述べてから, その解決のプロセスを説明し, 解析力学の2つの形式の簡単な概説を行なう.

　なお, ニュートンの運動方程式は解析力学の礎になる最も重要な方程式であるから, 最初に拡大表示しておこう.

ニュートンの運動方程式

$\boldsymbol{F}$ は力, m は質量として, 位置ベクトル $\boldsymbol{r}$ を用いた場合：

$$m \frac{d^2 \boldsymbol{r}}{dt^2} = \boldsymbol{F} \tag{1.1}$$

運動量ベクトル $\boldsymbol{p} = m\boldsymbol{v}$ を用いた場合：

$$\frac{d\boldsymbol{p}}{dt} = \boldsymbol{F} \tag{1.2}$$

学習目標

① ニュートンの運動方程式がベクトル方程式であるために生じる困難を理解する．
② ラグランジュの運動方程式の導出過程を説明できるようになる．
③ ハミルトン形式の大枠を理解する．
④ 解析力学とニュートン力学との違いを理解する．

1.1 なぜ解析力学を学ぶのだろう

ニュートン力学は，ガリレイ（イタリアの物理学者・天文学者，1564 - 1642）やニュートン（イギリスの物理学者，1642 - 1727）を中心にして築かれた物理学の体系であり，古典力学とよばれる盤石（ばんじゃく）な理論である．

一方，解析力学は，ラグランジュ（フランスの数学者・天文学者，1736 - 1813）やハミルトン（イギリスの数学者・物理学者，1805 - 1865）を中心にして，ニュートン力学を基に築かれた力学理論である．

日常生活に現れる様々な力学現象はニュートンの運動方程式で理解できるから，解析力学に登場する運動方程式も，内容的にはニュートンの運動方程式と同じものでなければならない．その意味では，解析力学はニュートン力学と何ら変わらない．それでは，なぜ解析力学がつくられ，それを学ぶ必要があるのだろうか？

解析力学の必要性　その大きな理由の1つは，座標系を決めてニュートンの運動方程式を具体的に導こうとするとき，運動方程式の形が座標系ごとに変わるという難点があったためである．この難点を解消して，運動方程式がどのような座標系を使っても同じ形になるように構築された力学理論が解析

力学である．この難点の原因は，1.2 節で述べるように，ニュートン力学のベクトル表現（**ベクトル方程式**）にあり，解決の鍵は解析力学のスカラー表現（**スカラー方程式**）にあった．そして，1.3 節で述べるように，スカラー方程式の組み立て方に応じて，解析力学には 2 つの形式があり，それが**ラグランジュ形式**と**ハミルトン形式**である．

運動方程式のスカラー性のおかげで，解析力学はニュートン力学と比べて，いくつもの優れた点や便利な点をもっている．

解析力学の実用的な価値　実用的な観点から見て最も優れていることは，ラグランジュ形式では力学系がラグランジアンというたった 1 つの関数によって完全に記述されることである．また，ハミルトン形式では，ハミルトニアンというたった 1 つの関数で力学系が記述されることである．つまり解析力学では，個々の粒子を 1 つの力学系の構成要素と考えて，力学系の運動そのものに着目するため，個々の粒子の運動を個別には扱わない（ここが，粒子の運動を個別に扱うニュートン力学と大きく異なる点である）．そのため，解析力学を使えば，**多自由度の力学系**を見通し良く解いたり，複雑な力学問題や振動問題を効率良く解いたりすることができる．

また，束縛を受けている運動や束縛された力学系の問題も，ラグランジュの未定乗数法によって解くことができる．この解法の優れた点は，束縛を力という形ではなく，変数や座標に対する束縛条件式や束縛方程式という形で定式化できるところである．このおかげで，束縛問題は簡単に解け，束縛力まで求めることができる．

解析力学の理論的な価値　理論的な観点から解析力学の優れた点を言えば，座標変換に対する運動方程式（ラグランジュの運動方程式とハミルトンの運動方程式）の不変性（あるいは**共変性**）である．このおかげで，物理系の対称性と保存則との関係が明瞭になる．

また，ハミルトン形式では座標と運動量を区別せずに対等に扱うため，抽象的な座標変換（**正準変換**）や抽象的な空間（**位相空間**）を考えることがで

きる.このおかげで,ハミルトン形式には,ニュートン力学を遙かに超える普遍的な構造が現れる.そして,これが量子力学や統計力学などの基礎的な学問と密接に関係してくる.例えば,量子力学が構築された前期量子論の頃に,ハミルトン形式が道しるべとなってシュレーディンガー方程式やハイゼンベルクの行列方程式が導出できたのも,この普遍性によるところが大きい.また,位相空間の考え方は統計力学にとって本質的な重要性をもっている.このように,ハミルトン形式で導入される正準変換や位相空間は,現代の物理学や工学の諸問題を考えるときに重要な役割を担っている.

本書の目的 このように,解析力学は実用的な観点からも,純粋に理論的な観点からも重要な学問である.そして,ニュートン力学を使って多くの力学問題を(苦労して)解いた経験があれば,おそらく解析力学による解法のスマートさに感動を覚えるだろう.

本書では,解析力学を理工系の諸問題を解くための有力な解法ツールと考えて,その使い方が修得できるように具体的な問題を解きながら解説を行なう.そのために本書の構成は,解析力学を理解するために必要となる基礎的な項目を前半の3つの章で解説し,後半の2つの章で解析力学の使い方を解説する.この2つの章では,特に工学的な諸問題にウェイトを置いて,解析力学の実用的な使い方が学べるようにする.

1.2 ニュートンの運動方程式

1.2.1 ニュートンの運動方程式の制約

力学でニュートンの運動方程式を学ぶと,いろいろな力学の問題が解けるようになる.そのとき,問題に応じてうまく座標系を選ぶと,方程式が解きやすくなる.例えば,ボールの放物運動ならばデカルト座標が便利であり,太陽の周りの惑星運動であれば極座標が最適である.一旦,問題に適した座

1.2 ニュートンの運動方程式

標が決まれば,ニュートンの運動方程式 (1.1) や (1.2) から,その座標で表した運動方程式を導く作業を行なう.

ところが,求めようとする運動方程式は座標の種類によって形が変わるために,この作業は面倒で厄介な計算が必要になる.これはニュートンの運動方程式に内在する制約である.この制約を取り除くために構築されたのが解析力学である.

そこで,まず,この制約がどのようなものかを具体的に見てから,それを取り除くための方法を考えることにしよう.そのために,力 F を受けながら平面上を運動している質量 m の質点を,デカルト座標 (x, y) と極座標 (r, θ) を使って考えることにする.

デカルト座標 (x, y) の場合

力 F の x 成分と y 成分を

$$F = (F_x, F_y) \tag{1.3}$$

と表すと,ニュートンの運動方程式 (1.1) から,x 方向と y 方向の運動方程式はそれぞれ

$$m\frac{d^2x}{dt^2} = F_x, \quad m\frac{d^2y}{dt^2} = F_y \tag{1.4}$$

となる.言い換えると,(1.4) はベクトル方程式 (1.1) の x, y 成分表示である.

極座標 (r, θ) の場合

力 F の r 方向の成分と θ 方向の成分を

$$F = (F_r, F_\theta) \tag{1.5}$$

と表す (r 方向と θ 方向の定義は図 1.2 についての説明を参照).このとき,ニュートンの運動方程式 (1.1) から,r 方向と θ 方向の運動方程式はそれぞれ

$$m\left\{\frac{d^2r}{dt^2} - r\left(\frac{d\theta}{dt}\right)^2\right\} = F_r, \quad m\left(r\frac{d^2\theta}{dt^2} + 2\frac{dr}{dt}\frac{d\theta}{dt}\right) = F_\theta \tag{1.6}$$

となる.((1.6) の導出は 1.2.2 項を参照.(1.28) が (1.6) になる.) 言い換えると,(1.6) はベクトル方程式 (1.1) の r, θ 成分表示である.

ニュートンの運動方程式 (1.1) の難点

問題は，(1.4) と (1.6) の形が全く異なることである．もし，(1.4) の x, y を r, θ に取り替えた方程式

$$m\frac{d^2r}{dt^2} = F_r, \qquad m\frac{d^2\theta}{dt^2} = F_\theta \tag{1.7}$$

が極座標での運動方程式として使えれば，次の1.2.2項で述べるような面倒な計算は不要になる．しかし，現実は (1.6) のように複雑な形をしている．

「なぜ，ニュートンの運動方程式 (1.1) を極座標で表すと複雑な形になるのだろう」という素朴な疑問が，おそらく解析力学に向かわせる動機になるだろう．この疑問を解くために，運動方程式 (1.4) と (1.6) の導出過程を，ベクトルを用いてもう一度考え直してみよう．

1.2.2　運動方程式のベクトル表現

デカルト座標 (x, y) の場合

図1.1のように，2次元デカルト座標の**単位ベクトル**を i と j とする．i は大きさ1（だから単位ベクトル）で，x 軸の正の向きを指すベクトルである．一方，j も大きさ1で，y 軸の正の向きを指すベクトルである．なお，座標軸の正の向きは，座標の値が増加する方向で定義する．これらの単位ベクトルを使えば，2次元平面内の点 P(x, y) を表す位置ベクトル $\boldsymbol{r}$ は

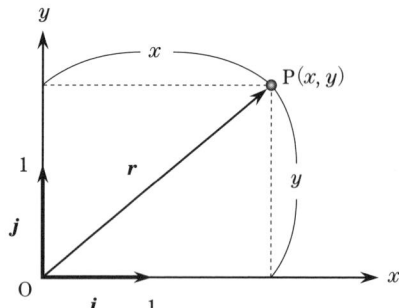

図**1.1**　デカルト座標の単位ベクトル i, j と点Pの座標 (x, y)

1.2 ニュートンの運動方程式

$$\boldsymbol{r} = x\boldsymbol{i} + y\boldsymbol{j} \tag{1.8}$$

のように表すことができる.

点Pの速度 $\boldsymbol{v}$ は $\boldsymbol{r}$ を時間 t で微分したもの ($\boldsymbol{v} = d\boldsymbol{r}/dt$) だから, (1.8)より

$$\boldsymbol{v} = \frac{d}{dt}(x\boldsymbol{i} + y\boldsymbol{j}) = \frac{d(x\boldsymbol{i})}{dt} + \frac{d(y\boldsymbol{j})}{dt}$$
$$= \dot{x}\boldsymbol{i} + x\frac{d\boldsymbol{i}}{dt} + \dot{y}\boldsymbol{j} + y\frac{d\boldsymbol{j}}{dt} \tag{1.9}$$

である. ただし, $\dot{x}$ (x ドットと読む) は $\dot{x} = dx/dt$ の略記法であり, ドットは時間の1階微分を表す記号である.

<u>ニュートン力学では,慣性系をデカルト座標で表す慣習がある</u>. 慣性系とはニュートンの運動方程式が成り立つ座標系のことで, 直観的には地上に固定された座標だと考えてよい. デカルト座標の単位ベクトル $\boldsymbol{i}, \boldsymbol{j}$ は, このように固定されているので, その時間微分は

$$\frac{d\boldsymbol{i}}{dt} = 0, \qquad \frac{d\boldsymbol{j}}{dt} = 0 \tag{1.10}$$

である. その結果, (1.9) は

$$\boldsymbol{v} = \dot{x}\boldsymbol{i} + \dot{y}\boldsymbol{j} \tag{1.11}$$

となる. 点Pの加速度 $\boldsymbol{a}$ は $\boldsymbol{r}$ を時間 t で2階微分したもの ($\boldsymbol{a} = d^2\boldsymbol{r}/dt^2$) だから, (1.8)を使って

$$\boldsymbol{a} = \ddot{x}\boldsymbol{i} + \ddot{y}\boldsymbol{j} \tag{1.12}$$

となる. ただし, $\ddot{x}$ (x ツードットと読む) は d^2x/dt^2 の略記法である. この $\boldsymbol{a}$ は, (1.11)の速度 $\boldsymbol{v}$ を時間 t で1階微分 ($\boldsymbol{a} = d\boldsymbol{v}/dt$) しても得ることができる.

質点にはたらく力 $\boldsymbol{F}$ は, その成分 (F_x, F_y) を使って

$$\boldsymbol{F} = F_x\boldsymbol{i} + F_y\boldsymbol{j} \tag{1.13}$$

と表せるから, これと(1.12)をニュートンの運動方程式 $m\boldsymbol{a} = \boldsymbol{F}$ に代入すると

1. ニュートン力学と解析力学

$$m\ddot{x}\boldsymbol{i} + m\ddot{y}\boldsymbol{j} = F_x\boldsymbol{i} + F_y\boldsymbol{j} \Rightarrow (m\ddot{x} - F_x)\boldsymbol{i} + (m\ddot{y} - F_y)\boldsymbol{j} = 0 \tag{1.14}$$

となる．(1.14)が成り立つためには，$\boldsymbol{i}$ と $\boldsymbol{j}$ の係数がそれぞれゼロでなければならない．したがって，(1.4) の x 成分と y 成分の式が導かれる．

極座標 (r, θ) の場合

極座標 (r, θ) とデカルト座標 (x, y) の間には

$$x = r\cos\theta, \quad y = r\sin\theta \tag{1.15}$$

の関係がある．ここで θ は時間の関数であることに注意してほしい．(1.15) を使って (1.8) の右辺を書き換えると

$$\begin{aligned}\boldsymbol{r} &= r\cos\theta\,\boldsymbol{i} + r\sin\theta\,\boldsymbol{j} \\ &= r(\cos\theta\,\boldsymbol{i} + \sin\theta\,\boldsymbol{j})\end{aligned} \tag{1.16}$$

となる．

[極座標の単位ベクトル] ベクトル $\boldsymbol{r}$ をその大きさ r で割った量 $\boldsymbol{r}/r$ を考えると，これは r 方向の単位ベクトルになる．この単位ベクトルは r の増加する向きを指しているので正の向きである．この正の r **方向の単位ベクトル**を $\boldsymbol{e}_r$ で表せば（図 1.2 (a) を参照）

$$\frac{\boldsymbol{r}}{r} = \cos\theta\,\boldsymbol{i} + \sin\theta\,\boldsymbol{j} = \boldsymbol{e}_r \tag{1.17}$$

であるから，(1.16) の位置ベクトル $\boldsymbol{r}$ は

$$\boldsymbol{r} = r\boldsymbol{e}_r \tag{1.18}$$

と書くことができる．

なお，図 1.2 (a) のように，単位ベクトル $\boldsymbol{e}_r$ に直交する単位ベクトルを $\boldsymbol{e}_\theta$ とすると，図からわかるように，$\boldsymbol{e}_\theta$ は (1.17) の θ に $\pi/2$ を加えた $\theta + \pi/2$ におき換えたものに当たるから

$$\begin{aligned}\boldsymbol{e}_\theta &= \cos\left(\theta + \frac{\pi}{2}\right)\boldsymbol{i} + \sin\left(\theta + \frac{\pi}{2}\right)\boldsymbol{j} \\ &= -\sin\theta\,\boldsymbol{i} + \cos\theta\,\boldsymbol{j}\end{aligned} \tag{1.19}$$

である．これは θ の増加する向き（反時計回りの向き）を指しているので，(1.19) を正の θ **方向の単位ベクトル**という．この $\boldsymbol{e}_r$ と $\boldsymbol{e}_\theta$ が極座標の単位ベクトルで，これらの時間微分をとると

1.2 ニュートンの運動方程式

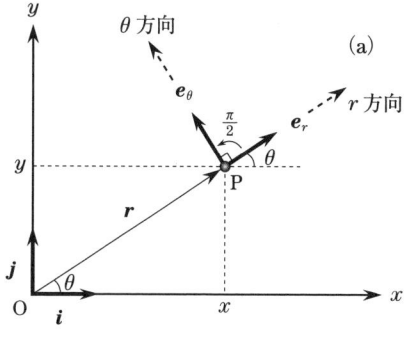

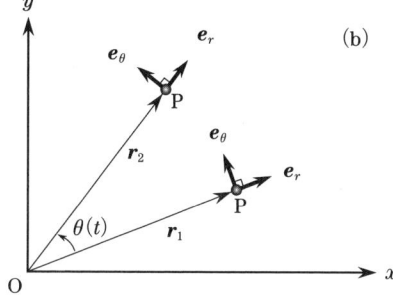

図 1.2 2次元極座標の単位ベクトル
(a) 点Pでの単位ベクトル e_r, e_θ
(b) 点Pの運動とともに e_r, e_θ の向きが変わる.

$$\left.\begin{array}{l}\dfrac{d e_r}{dt} = \dfrac{d\theta}{dt}\dfrac{d e_r}{d\theta} = \dot{\theta}\dfrac{d e_r}{d\theta} = \dot{\theta} e_\theta \\[2mm] \dfrac{d e_\theta}{dt} = \dfrac{d\theta}{dt}\dfrac{d e_\theta}{d\theta} = \dot{\theta}\dfrac{d e_\theta}{d\theta} = -\dot{\theta} e_r \end{array}\right\} \quad (1.20)$$

のような関係がある.

さて,点Pの速度 v を計算しよう.合成関数の微分公式から,(1.18)の r の時間微分は

$$v = \frac{d\boldsymbol{r}}{dt} = \frac{d(r\boldsymbol{e}_r)}{dt} = \dot{r}\boldsymbol{e}_r + r\frac{d\boldsymbol{e}_r}{dt} \quad (1.21)$$

であるから,(1.20)を使って

$$\boldsymbol{v} = \dot{r}\boldsymbol{e}_r + r\dot{\theta}\boldsymbol{e}_\theta \quad (1.22)$$

となる.また,加速度 $\boldsymbol{a}$ は(1.22)の $\boldsymbol{v}$ をさらに時間微分して

1. ニュートン力学と解析力学

$$\bm{a} = \frac{d\bm{v}}{dt} = \frac{d(\dot{r}\bm{e}_r)}{dt} + \frac{d(r\dot{\theta}\bm{e}_\theta)}{dt} \tag{1.23}$$

となる．右辺の微分を実行すれば

$$\bm{a} = \left(\ddot{r}\bm{e}_r + \dot{r}\frac{d\bm{e}_r}{dt}\right) + \left(\dot{r}\dot{\theta}\bm{e}_\theta + r\ddot{\theta}\bm{e}_\theta + r\dot{\theta}\frac{d\bm{e}_\theta}{dt}\right) \tag{1.24}$$

となるので，(1.20) から

$$\bm{a} = (\ddot{r} - r\dot{\theta}^2)\bm{e}_r + (r\ddot{\theta} + 2\dot{r}\dot{\theta})\bm{e}_\theta \equiv a_r\bm{e}_r + a_\theta\bm{e}_\theta \tag{1.25}$$

となる．つまり，加速度 $\bm{a}$ の成分を (a_r, a_θ) とすると次のようになる．

$$a_r = \ddot{r} - r\dot{\theta}^2, \qquad a_\theta = r\ddot{\theta} + 2\dot{r}\dot{\theta} \tag{1.26}$$

質点にはたらく力 $\bm{F}$ の r 方向と θ 方向の成分は (F_r, F_θ) なので，$\bm{F}$ は単位ベクトルを使って

$$\bm{F} = F_r\bm{e}_r + F_\theta\bm{e}_\theta \tag{1.27}$$

と表せる．ニュートンの運動方程式 $m\bm{a} = \bm{F}$ に (1.25) と (1.27) を代入すると

$$ma_r\bm{e}_r + ma_\theta\bm{e}_\theta = F_r\bm{e}_r + F_\theta\bm{e}_\theta \;\Rightarrow\; (ma_r - F_r)\bm{e}_r + (ma_\theta - F_\theta)\bm{e}_\theta = 0 \tag{1.28}$$

となる．したがって，$\bm{e}_r$ と $\bm{e}_\theta$ のそれぞれの係数をゼロとおけば，r 方向と θ 方向の運動方程式 (1.6) が得られる．

運動方程式の形が変わる理由

　ベクトル量は，座標系を変えても形を変えない量（不変量）である．そのため，ベクトルで書かれているニュートンの運動方程式 (1.1) は，どのような座標系を選んでも，その形を変えない．しかし，デカルト座標 (x, y) で表示した運動方程式 (1.4) と極座標 (r, θ) で表示した運動方程式 (1.6) の形は全く異なっている．この原因は，座標系の単位ベクトルが時間の関数であるか否かというところにある．つまり，極座標の単位ベクトルは θ が t の関数であるために，r と θ 方向が空間に固定されず，運動とともに変化するのである．ここが最も重要なポイントなので，もう一度確認しておこう．

　デカルト座標の単位ベクトル $\bm{i}, \bm{j}$ は固定されて動かない．一方，極座標の

1.2 ニュートンの運動方程式

単位ベクトル e_r, e_θ は，図 1.2 (b) のように，質点の動きとともに（時間とともに）変化する．そのため，位置ベクトル r の時間微分をとると，それぞれ

$$\dot{r} = \dot{x}i + \dot{y}j \text{（デカルト座標）}, \qquad \dot{r} = \dot{r}e_r + r\dot{e}_r \text{（極座標）} \quad (1.29)$$

となり，極座標の 2 項目 $r\dot{e}_r$ に単位ベクトルの時間依存性が現れる．

もし，この項がなくて $\dot{r} = \dot{r}e_r$ と $\ddot{r} = \ddot{r}e_r$ であったならば，r 方向の運動方程式は (1.7) の $m\ddot{r} = F_r$ になっただろう．しかし，この式は正しくない（演習問題 [1.1] を参照）．また，$\dot{r}e_r$ や $\ddot{r}e_r$ の項だけからは θ 方向の運動方程式は出てこない．事実，θ 方向の運動を生み出すもとは $r\dot{e}_r (= r\dot{\theta}e_\theta)$ の項であるから，この項は物理的にも要求されるのである．

<u>ベクトル自体は座標系に依存しない独立した量である．しかし，ベクトルを定義する座標系の単位ベクトルは，座標系の取り方に依存する</u>．そのため，座標軸が固定されているデカルト座標系の場合は，単位ベクトルの時間変化がないので，成分表示した運動方程式はもとのニュートンの運動方程式 (1.1) と同じ形になる．しかし，極座標系の単位ベクトルは動くので，成分表示した運動方程式 (1.6) はニュートンの運動方程式 (1.1) と異なる形になる．

この事実は，特にニュートン力学で曲線座標を使うときに大きな困難を生じる．この困難は，円筒座標系（円柱座標系）や球座標系（3 次元極座標系）のような他の座標系でも起こるから，ニュートン力学に内在する面倒な問題である．この問題をうまく解決できるのが，まさに解析力学なのである．

次元解析

解析力学の説明に入る前に，解析力学を理解する手助けになる，次元解析について簡単に説明しておきたい．解析力学では，座標，速度，運動量，力などの諸概念を拡張して，一般座標，一般速度，一般運動量，一般力という様々な物理量が導入される．このような物理量がもつ次元の情報は，解析力学を理解していく上で極めて重要になる．そのため，物理量の次元を決める次元解析を理解しておくことが大切である．

力学で扱う様々な物理量は，**長さ**と**質量**と**時間**の 3 つの基本量を組み合わ

せて表すことができる．一般に，これらの次元を

$$L = 長さ \text{ (length)}, \quad M = 質量 \text{ (mass)}, \quad T = 時間 \text{ (time)}$$
(1.30)

のようにL, M, Tの文字で表す．これらを用いると，例えば，速さvは「長さ $\div$ 時間」であるから，その次元は$[v] = L/T$と表せる（このようにカッコ [ ]を使って物理量の次元を表す）．また，加速度の大きさaは速さの時間変化率だから「速さ $\div$ 時間」より$[a] = L/T^2$である．忘れないでほしいことは，角度θはラジアンの単位をもつが，それは無次元だから$[\theta] = 1$となることである．

<u>物理的な関係を記述する方程式の左辺と右辺は，常に同じ次元をもたなければならない</u>．このことを利用すると，いくつかの量の間の関係を予測することができ，物理現象を解析することができる．この方法のことを**次元解析**という．

[例題 1.1]　力のモーメント

（1）力$\boldsymbol{F}$の次元は

$$[\boldsymbol{F}] = \frac{ML}{T^2} \tag{1.31}$$

であることを示しなさい．

（2）力のモーメント$\boldsymbol{N} = \boldsymbol{r} \times \boldsymbol{F}$の次元は

$$[\boldsymbol{N}] = \frac{ML^2}{T^2} \tag{1.32}$$

であることを示しなさい．

[解]（1）ニュートンの運動方程式(1.1)に次元解析を適用して

$$左辺 = [m]\left[\frac{d^2\boldsymbol{r}}{dt^2}\right] = M\frac{L}{T^2}, \quad 右辺 = [\boldsymbol{F}] \tag{1.33}$$

より(1.31)が成り立つ．

（2） 力のモーメントは力と位置ベクトルの積だから，力の次元 ML/T² と長さの次元 L の積になり，(1.32) が成り立つ． ¶

1.3　解析力学の2つの形式

1.1 1.2 **1.3**

　前節で，ニュートンの運動方程式を成分で表すと，式の形がデカルト座標と極座標で大きく異なることを示した．そして，これはニュートンの運動方程式がベクトル方程式であるために生じたことを述べた．つまり，ニュートンの運動方程式(1.1)はベクトルだから座標系によらないが，ベクトルの成分表示は座標系の取り方（デカルト座標と極座標）で異なる．一方，スカラー量は大きさだけの量だから，座標系の取り方（座標変換）に影響を受けることはない（これを，座標変換に対して不変である，という）．したがって，座標系の取り方で運動方程式が形を変えないようにするには，ベクトル量ではなくスカラー量を使わなければならないことがわかるだろう．

　解析力学は，まさに，スカラー量であるエネルギー（運動エネルギーとポテンシャルエネルギー）を巧みに使って構成される力学理論である．端的に表現すれば，解析力学とはスカラー量で運動方程式を書き表した理論である．ここでは，ラグランジュ形式の中核となるラグランジュの運動方程式を，最も簡単な1次元の運動を例にして導こう．

　なお，この導出過程を旅にたとえれば，かなりの長旅であり，いくつかの駅で乗り換える必要もある．そのため，旅の全行程（ラグランジュの運動方程式までの流れ）が見渡せるフローチャートをここに示しておこう．このフローチャートには，なぜそのような場所を通るのか，どこへ向かおうとしているのかという理由や目的がわかるように必要な事項を書いた．また，本文中にも★印を冠した目的・目標を入れて，できる限り，話の筋道や数式の取り扱いなどが理解しやすいようにした．

ラグランジュの運動方程式までの流れ

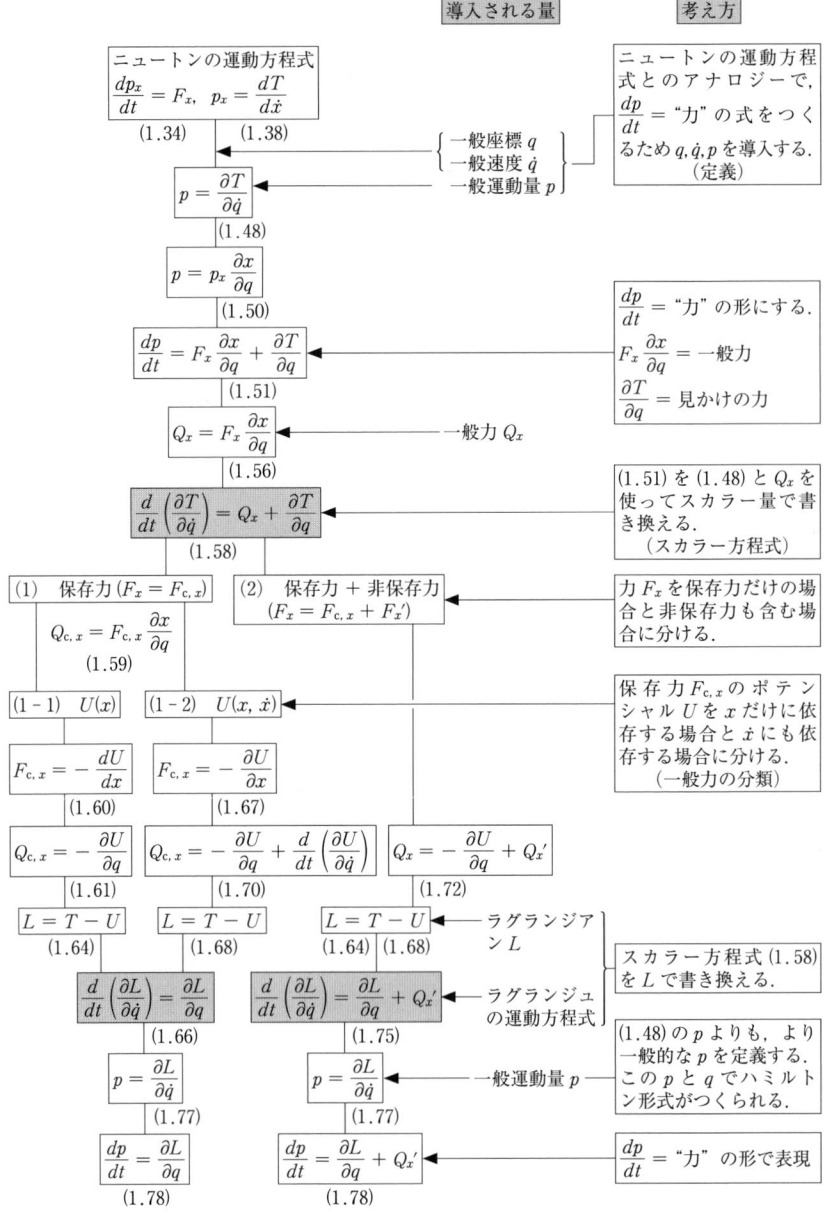

1.3.1 ラグランジュ形式

力学でスカラー量の代表格といえば,エネルギーである.つまり,**ポテンシャルエネルギー**と**運動エネルギー**,あるいは**仕事**である.そこで,これらの量を利用して運動方程式を書き表す方法を,最も簡単な1次元の運動の場合で考えてみよう.

ラグランジュの運動方程式を導く方針

★ **目的・目標** ニュートンの運動方程式 (1.34) を参考にしながら,スカラー方程式 (1.58) を経由して,ラグランジュの運動方程式 (1.66) まで到達する方針を述べる. ★

1個の質点の1次元の運動を記述するニュートンの運動方程式

$$\boxed{\frac{dp_x}{dt} = F_x} \tag{1.34}$$

は,「運動量の時間微分は力である」ことを表現したものであるが,このアナロジーで「一般運動量の時間微分は"力"である」と仮定する.そして,デカルト座標 x と運動量 p_x で書かれた (1.34) を利用して,後述の一般座標 q と一般運動量 p で書かれた運動方程式を導く.この運動方程式がラグランジュの運動方程式である.なお,"力"の意味するものは,25頁の (1.76) に示すように,「一般力」と「見かけの力」の和で定義される力である.

運動エネルギーと運動量の関係

★ **目的・目標** ニュートンの運動方程式 (1.34) の書き換えに必要な関係式 (1.38) を導出する. ★

速度 $\dot{x}$ で運動している質点(質量 m)の運動エネルギー T は

$$T = \frac{1}{2}m\dot{x}^2 = T(\dot{x}) \tag{1.35}$$

である.ただし,この T が $\dot{x}$ の関数であることを明示したいときは,最右辺のように $T(\dot{x})$ で表すことにする.

質点の運動量 p_x は

$$p_x = m\dot{x} \tag{1.36}$$

である．ここで，

$$\frac{d}{d\dot{x}}\left(\frac{1}{2}m\dot{x}^2\right) = m\dot{x} \tag{1.37}$$

に注意すると，運動量は運動エネルギーの微分によって

$$\boxed{p_x = \frac{dT(\dot{x})}{d\dot{x}}} \tag{1.38}$$

のように与えられる．この (1.38) は，一般運動量の書き換え (1.50) で使われる．

[**(1.37) の微分の表記に関する注意**] $\dot{x}$ には $\dot{x} = dx/dt$ という意味があるので，このような $\dot{x}$ で (1.37) のように微分することに違和感を覚えるかもしれない．そのような場合は，ドットのない文字に変えて計算するとよい．例えば，$v = \dot{x}$ とおいて，$mv^2/2$ を v で微分すればよい．しかし解析力学では，$\dot{x}$ や一般座標 q の時間微分 $\dot{q}$ などの変数で微分することが多いので，このように表記された微分に慣れるようにしよう．

一般座標

★ **目的・目標** ニュートンの運動方程式 (1.34) からラグランジュの運動方程式 (1.66) を導くのに必要な概念（一般座標 q や $x \leftrightarrow q$ 間の座標変換）を理解する．★

座標は，デカルト座標 x だけに限定せずに，<u>運動を記述する座標であればどのような変数であってもよい</u>と考える．そして，そのような変数で構成された座標のことを**一般座標**とよび，q という文字で表す．

一般座標 q とデカルト座標 x の間には，1 対 1 の対応関係が成り立つとするので，q は x の関数として

$$q = q(x) \tag{1.39}$$

のように表される．この (1.39) は，異なる座標の間の変換を決める式と見なせるので，**座標変換**あるいは**変数変換**という．もちろん，逆の関係

$$x = x(q) \tag{1.40}$$

1.3 解析力学の2つの形式

も成り立つ．例えば，角度 θ を一般座標として，x と θ の間に $x = l\cos\theta$ (l は定数) の関係があるとすれば，(1.40) は $x = x(\theta)$ を意味する．

そこで，より一般的な座標変換が表現できるように，時間 t も含めて (1.39) と (1.40) を

$$q = q(x, t) \tag{1.41}$$
$$x = x(q, t) \tag{1.42}$$

のように拡張する．

一般速度

★目的・目標 運動エネルギー $T(\dot{x})$ を (1.45) で表すために，$x \leftrightarrow q$ 間の座標変換 (1.42) から $\dot{x}$ の座標変換 (1.44) を求める計算を行なう．★

一般座標 q の時間微分 $\dot{q}$ を**一般速度**という．いま，x の時間微分 $\dot{x} = dx/dt$ を考えると，$\dot{x}$ は x の座標変換 (1.42) に合成関数の微分法（チェインルール）を使って

$$\dot{x} = \frac{dx(q,t)}{dt} = \frac{\partial x}{\partial q}\frac{dq}{dt} + \frac{\partial x}{\partial t}\frac{dt}{dt} = \frac{\partial x}{\partial q}\dot{q} + \frac{\partial x}{\partial t} \tag{1.43}$$

となる．この計算方法は，全微分 (1.3.2項の「全微分とハミルトニアン」を参照) の計算と同じであり，(1.43) は後で出てくる (1.105) で $F = x$, $u = q$, $v = t$ とおいた式に当たる．

速度 $\dot{x}$ がどのような変数に依存するかは，(1.43) の最右辺から $\dot{q}$ だけでなく，q と t にも依存していることがわかる（なぜなら，$\partial x/\partial q$ と $\partial x/\partial t$ はともに q, t の関数だから）．したがって，$\dot{x}$ の座標変換は $\dot{q}, q, t$ の関数として

$$\boxed{\dot{x} = \dot{x}(q, \dot{q}, t)} \tag{1.44}$$

と表せる．例えば，$x = l\cos\theta$ の場合，$\dot{x} = (\partial x/\partial \theta)\dot{\theta} = (-l\sin\theta)\dot{\theta}$ であるから，$\dot{x}$ は θ と $\dot{\theta}$ の関数になる（$\dot{x} = \dot{x}(\theta, \dot{\theta})$）．

$\dot{x}$ の座標変換 (1.44) を使って，(1.35) の運動エネルギー $T(\dot{x})$ の変数を書き換えると

$$\boxed{T(\dot{x}) = T(q, \dot{q}, t)} \tag{1.45}$$

となる．この (1.45) の等号が意味するのは，$T(q,\dot{q},t)$ の値と $T(\dot{x})$ の値が各点で同じになるということである．注意してほしいことは，$T(q,\dot{q},t)$ と $T(\dot{x})$ は同じ関数ではないことである（具体例は 2.2.1 項の (2.30) の説明を参照）．

〈式の変形に必要な関係式〉

これからの式の変形などで，何度も使われる関係式は

$$\frac{\partial \dot{x}}{\partial \dot{q}} = \frac{\partial x}{\partial q} \tag{1.46}$$

である．この式が成り立つことを具体的に見るには，例えば，$x = l\cos\theta$ を計算すればよい．この場合，$\partial x/\partial \theta = -l\sin\theta$ であり，$\dot{x} = dx/dt = -l\dot{\theta}\sin\theta$ に対しても $\partial \dot{x}/\partial \dot{\theta} = -l\sin\theta$ であるから，確かに $\partial \dot{x}/\partial \dot{\theta} = \partial x/\partial \theta$ が成り立っている．

なお，(1.46) の証明は，(1.43) の $\dot{x}$ を $\dot{q}$ で偏微分した

$$\frac{\partial \dot{x}}{\partial \dot{q}} = \frac{\partial}{\partial \dot{q}}\left(\frac{\partial x}{\partial q}\dot{q} + \frac{\partial x}{\partial t}\right) = \left\{\frac{\partial}{\partial \dot{q}}\left(\frac{\partial x}{\partial q}\right)\right\}\dot{q} + \frac{\partial x}{\partial q}\frac{\partial \dot{q}}{\partial \dot{q}} + \frac{\partial}{\partial \dot{q}}\left(\frac{\partial x}{\partial t}\right) \tag{1.47}$$

の右辺の 1 項目（$\partial x/\partial q$）と 3 項目（$\partial x/\partial t$）が q, t の関数であることに注意すればできる．つまり，これらの項を $\dot{q}$ で偏微分すればゼロになるので，$\partial \dot{q}/\partial \dot{q} = 1$ より (1.46) となる．

一般運動量

★ 目的・目標 　一般速度に対応した一般運動量 p を定義して，p_x との関係式 (1.50) を求める．(1.50) がニュートンの運動方程式をラグランジュの運動方程式に結び付ける重要な式になる．★

デカルト座標で表した (1.38) の運動量 p_x と運動エネルギー $T(\dot{x})$ の関係式 $p_x = dT(\dot{x})/d\dot{x}$ を一般速度 $\dot{q}$ に拡張して，**一般運動量**という量を

$$\boxed{p = \frac{\partial T(q,\dot{q},t)}{\partial \dot{q}}} \tag{1.48}$$

で定義する（ただし，より一般的な p の定義は後で出てくる (1.77) で与える）．

1.3 解析力学の2つの形式

(1.45) の $T(\dot{x}) = T(q, \dot{q}, t)$ に注意すると，(1.48) は

$$p = \frac{\partial T(\dot{x})}{\partial \dot{q}} = \frac{dT(\dot{x})}{d\dot{x}} \frac{\partial \dot{x}}{\partial \dot{q}} = p_x \frac{\partial \dot{x}}{\partial \dot{q}} \tag{1.49}$$

のように変形できるが，この最右辺に (1.46) を使うと

$$\boxed{p = p_x \frac{\partial x}{\partial q}} \tag{1.50}$$

となる．この (1.50) は，一般運動量 p と運動量 p_x を結び付ける重要な式であり，p と p_x との差異は一般座標 q とデカルト座標 x との座標変換 (1.42) で決まることを示している（$q = x$ であれば，$\partial x/\partial q = \partial x/\partial x = 1$ だから，当然 $p = p_x$ である）．

一般運動量の時間微分

★**目的・目標** ラグランジュの運動方程式 (1.66) を導くために，その基になる運動方程式 (1.51) をつくる．しかし，最終的には (1.58) の形に変えたスカラーの運動方程式を用いることになる．★

「ラグランジュの運動方程式を導く方針」で述べたように，「一般運動量 p の時間微分は"力"である」と考えるから，(1.50) の p の時間微分

$$\boxed{\frac{dp}{dt} = F_x \frac{\partial x}{\partial q} + \frac{\partial T}{\partial q}} \tag{1.51}$$

の右辺の2つの項をどちらも"力"と解釈しよう（$F_x = dp_x/dt$）．

⟨**(1.51) の導出**⟩

$$\frac{dp}{dt} = \frac{d}{dt}\left(p_x \frac{\partial x}{\partial q}\right) = \left(\frac{dp_x}{dt}\right)\frac{\partial x}{\partial q} + p_x\left(\frac{d}{dt}\frac{\partial x}{\partial q}\right) \tag{1.52}$$

の右辺1項目は，(1.34) のニュートンの運動方程式 $dp_x/dt = F_x$ を使って

$$(1.52) \text{ の右辺1項目} = \left(\frac{dp_x}{dt}\right)\frac{\partial x}{\partial q} = F_x \frac{\partial x}{\partial q} \tag{1.53}$$

となる．

(1.52) の右辺2項目の t による微分は，q による微分と順序を変えても偏

微分の結果は変わらないから

$$\frac{d}{dt}\left(\frac{\partial x}{\partial q}\right) = \frac{\partial}{\partial q}\left(\frac{dx}{dt}\right) = \frac{\partial \dot{x}}{\partial q} \tag{1.54}$$

のように書ける（演習問題 [1.2] を参照）．その結果,

$$(1.52)\text{の右辺2項目} = p_x\left(\frac{\partial \dot{x}}{\partial q}\right) = \frac{dT(\dot{x})}{d\dot{x}}\left(\frac{\partial \dot{x}}{\partial q}\right) = \frac{\partial T(\dot{x})}{\partial q} = \frac{\partial T}{\partial q} \tag{1.55}$$

となる．ここで，p_x は (1.38) の $p_x = dT(\dot{x})/d\dot{x}$ で書き換えた．

一般力と見かけの力

★**目的・目標**　運動方程式 (1.51) を (1.57) に書き換えるだけである．この後に順を追って述べるように，(1.57) の一般力 Q_x と見かけの力 $\partial T/\partial q$ を巧妙にまとめていくと，最終的にラグランジュの運動方程式 (1.66) の右辺 $\partial L/\partial q$ になる．★

一般運動量 p の時間微分 (1.51) の右辺で，F_x を含む1項目を

$$\boxed{Q_x = F_x \frac{\partial x}{\partial q}} \tag{1.56}$$

とおいて，**一般力** Q_x を定義する．Q_x と F_x との差は $\partial x/\partial q$ の項から生じる．

この Q_x を使って (1.51) の運動方程式を書き換えると

$$\frac{dp}{dt} = Q_x + \frac{\partial T}{\partial q} \tag{1.57}$$

となる．

一方，右辺2項目の $\partial T/\partial q$ も力を表す量であるが，これはどのような力に対応するのだろうか．(1.52) に戻ると，この $\partial T/\partial q$ は $\partial x/\partial q$ の時間微分から生じていることがわかるので，もし $\partial x/\partial q$ が一定であれば時間微分はゼロで，この項は消える．そのため，この2項目が現れるのは $\partial x/\partial q$ が一定でない場合である．言い換えれば，この力はデカルト座標 x と一般座標 q が単純に比例するとき（つまり，$x/q =$ 一定のとき）には現れないで，比例関係にないときに現れる．このように，座標の選び方によって出現したり，しなかっ

たりする力だから，$\partial T/\partial q$ を**見かけの力**という．

ラグランジュの運動方程式

★ **目的・目標**　運動方程式 (1.57) を (1.58) に書き換えるだけである．この後の議論は運動方程式 (1.58) の Q_x の性質を「(1) 保存力だけの場合」と「(2) 保存力と非保存力の共存する場合」に分けて行なうが，最終的には同じラグランジュの運動方程式 (1.66) に到達する．★

　以上の準備が終われば，ラグランジュの運動方程式の導出はストレートである．しかし，ここで思い出してほしいことは，本節の冒頭で述べたように，解析力学はスカラー量だけで表現した運動方程式を用いる理論だということである．そのため，(1.57) の左辺の一般運動量 p もスカラーの運動エネルギー T で表しておく必要がある．そこで，(1.48) を使って p を T に書き換えたスカラー方程式

$$\boxed{\frac{d}{dt}\left(\frac{\partial T}{\partial \dot{q}}\right) = Q_x + \frac{\partial T}{\partial q}} \tag{1.58}$$

を，ラグランジュの運動方程式の導出に用いることにしよう．以下の導出では，(1.56) の F_x が保存力の場合を (1) で，保存力と保存力でない力（非保存力）の共存する場合を (2) で考えることにする．

(1) 力 F_x が保存力 $F_{c,x}$ だけの場合 ($F_x = F_{c,x}$)

　保存力とは，ポテンシャルエネルギー U から導かれる力のことである．保存力 (conservative force) を $F_{c,x}$ のように添字 c を付けて表し，これに対応する一般力を $Q_{c,x}$ で表すと，一般力 Q_x の定義式 (1.56) より

$$\boxed{Q_{c,x} = F_{c,x}\frac{\partial x}{\partial q}} \tag{1.59}$$

である．

　この後の議論は，ポテンシャルエネルギー U が x だけに依存する場合を (1-1) で，速度にも依存する場合を (1-2) で行なう．

(1-1) ポテンシャルが座標 x だけに依存する場合（$U = U(x)$）

この場合の保存力 $F_{c,x}$ は力学で学んだように

$$\boxed{F_{c,x} = -\frac{dU(x)}{dx}} \tag{1.60}$$

で定義される．この (1.60) を (1.59) に代入して計算すれば，$Q_{c,x}$ は

$$Q_{c,x} = -\frac{dU(x)}{dx}\frac{\partial x}{\partial q} = -\frac{\partial U(x)}{\partial q} = -\frac{\partial U(q)}{\partial q} \tag{1.61}$$

のように表せる．ここで最右辺の $U(q)$ と書いた量は，各点で $U(x)$ と同じ値をとる量という意味で，$U(q)$ は $U(x)$ と同じ関数ではない．$U(q)$ を正確に書けば $U(x(q))$ であるが，簡単のために $U(q)$ と書く慣習がある．

ポテンシャルエネルギーが $U(q)$ の場合，(1.61) の $Q_{c,x}$ をスカラー方程式 (1.58) に代入（$Q_x = Q_{c,x}$）すれば，(1.58) は

$$\frac{d}{dt}\left(\frac{\partial T(q,\dot{q},t)}{\partial \dot{q}}\right) = -\frac{\partial U(q)}{\partial q} + \frac{\partial T(q,\dot{q},t)}{\partial q} \tag{1.62}$$

となる．ここで，右辺の q による微分の項を別々に考えずに

$$\frac{d}{dt}\left(\frac{\partial T}{\partial \dot{q}}\right) = \frac{\partial (T-U)}{\partial q} \tag{1.63}$$

のようにまとめて書いてみると，T と U の差 $T - U$ を1つの関数と見なしてもよいことに気づく．

そこで，**ラグランジアン**（ラグランジュ関数）というスカラーの関数を

$$\boxed{L(q,\dot{q},t) = T(q,\dot{q},t) - U(q)} \tag{1.64}$$

で定義すると，(1.63) の左辺の $\partial T/\partial \dot{q}$ も $\partial L/\partial \dot{q}$ で書き換えることができる．なぜならば，$\partial U(q)/\partial \dot{q} = 0$ のために，

$$\frac{\partial L}{\partial \dot{q}} = \frac{\partial (T-U)}{\partial \dot{q}} = \frac{\partial T}{\partial \dot{q}} - \frac{\partial U}{\partial \dot{q}} = \frac{\partial T}{\partial \dot{q}} \tag{1.65}$$

のように，$\partial L/\partial \dot{q}$ は $\partial T/\partial \dot{q}$ と等しくなるからである．

したがって，(1.63) は

1.3 解析力学の2つの形式

$$\boxed{\frac{d}{dt}\left(\frac{\partial L}{\partial \dot{q}}\right) = \frac{\partial L}{\partial q}} \tag{1.66}$$

のように，ラグランジアン L だけで記述される方程式になる．この (1.66) が**ラグランジュの運動方程式**とよばれるもので，解析力学の中核となる運動方程式である（演習問題 [1.3] を参照）．

(1-2) ポテンシャルが速度 $\dot{x}$ にも依存する場合（$U = U(x, \dot{x})$）

物体にはたらく保存力が速度に依存する場合もある（具体的な話は第2章の 2.2.1 項を参照）．

この場合の保存力 $F_{c,x}$ は

$$F_{c,x} = -\frac{\partial U(x, \dot{x})}{\partial x} \tag{1.67}$$

で定義される（つまり，偏微分に変わる）．これに対応する一般力 $Q_{c,x}$ は (1.61) の $U(q)$ と異なり，一般速度 $\dot{q}$ に依存した関数 $U(q, \dot{q})$ になる．

そこで，<u>ポテンシャルエネルギーが $U(q, \dot{q})$ の場合</u>に，ラグランジュの運動方程式 (1.66) が成り立つような一般力 $Q_{c,x}$ はどのような形であるかという問題を考えてみよう．

この問題の答えを簡単に得るには，ラグランジアン (1.64) の $U(q)$ を $U(q, \dot{q})$ におき換えた

$$L(q, \dot{q}, t) = T(q, \dot{q}, t) - U(q, \dot{q}) \tag{1.68}$$

がラグランジュの運動方程式 (1.66) の L であると仮定してみるのがよい．そして，(1.66) を

$$\frac{d}{dt}\left(\frac{\partial T}{\partial \dot{q}}\right) = -\frac{\partial U(q, \dot{q})}{\partial q} + \frac{d}{dt}\left(\frac{\partial U(q, \dot{q})}{\partial \dot{q}}\right) + \frac{\partial T}{\partial q} \tag{1.69}$$

のように T, U で表した式が，スカラー方程式 (1.58) に一致すると考える．そうすると，スカラー方程式の Q_x を

$$Q_{c,x} = -\frac{\partial U(q, \dot{q})}{\partial q} + \frac{d}{dt}\left(\frac{\partial U(q, \dot{q})}{\partial \dot{q}}\right) \tag{1.70}$$

とおけばよいことがわかる（もし $U(q,\dot{q})$ が $U(q)$ であれば，$\partial U(q)/\partial \dot{q} = 0$ なので (1.70) の2項目は消えて (1.61) になる）．要するに，ポテンシャルエネルギー U が速度 $\dot{q}$ にも依存する場合，一般力が (1.70) で与えられる場合には，ラグランジュの運動方程式 (1.66) は成り立つことがわかる．

（2）力 F_x に保存力でない力 F_x' も含まれる場合（$F_x = F_{c,x} + F_x'$）

保存力でない力（**非保存力**）とは，(1.60) や (1.67) の保存力 $F_{c,x}$ 以外の力のことで，これを F_x' で表すことにする．質点に $F_{c,x}$ と F_x' がはたらいている場合は，力 F_x を

$$F_x = F_{c,x} + F_x' \tag{1.71}$$

のように2つに分けて考えればよい．これを一般力の定義式 (1.56) に代入すると，一般力は

$$Q_x = Q_{c,x} + Q_x' = -\frac{\partial U}{\partial q} + Q_x' \tag{1.72}$$

となる．ここで，Q_x' は保存力でない力 F_x' に対応する一般力を表し，

$$\boxed{Q_x' = F_x' \frac{\partial x}{\partial q}} \tag{1.73}$$

で定義される．

(1.72) の一般力 Q_x をスカラー方程式 (1.58) に代入すると

$$\frac{d}{dt}\left(\frac{\partial T}{\partial \dot{q}}\right) = -\frac{\partial U}{\partial q} + Q_x' + \frac{\partial T}{\partial q} \tag{1.74}$$

となる．(1.74) の Q_x' 以外の部分は (1.62) と同じ形だから，ラグランジュの運動方程式 (1.66) になる．したがって，Q_x' を含む場合のラグランジュの運動方程式は

$$\boxed{\frac{d}{dt}\left(\frac{\partial L}{\partial \dot{q}}\right) = \frac{\partial L}{\partial q} + Q_x'} \tag{1.75}$$

で与えられる．ここで，ラグランジアン L は (1.64) と (1.68) のどちらでもよい．

1.3 解析力学の2つの形式

このように,保存力でない力もはたらくときは,保存力だけのラグランジュの運動方程式 (1.66) に一般力 Q'_x を加えるだけでよいことがわかる.

一般運動量の再定義

★ **目的・目標** 当初,ニュートンの運動方程式のアナロジーから一般運動量を $\partial T/\partial \dot{q}$ のように定義 (1.48) してラグランジュの運動方程式に辿り着いた.しかし,一旦ラグランジュの運動方程式に辿り着くと,T よりも L を使った方がより一般性のあることがわかる.(1.77) の一般運動量は,1.3.2 項で述べるハミルトン形式で重要な役割を果たす.★

ラグランジュの運動方程式 (1.75) の右辺は,これまでの導出過程を辿ればわかるように,力に関する項である.具体的に表せば,

$$\frac{d}{dt}\left(\frac{\partial L}{\partial \dot{q}}\right) = \underbrace{-\frac{\partial U}{\partial q}}_{\text{保存力}} + \underbrace{Q'_x}_{\text{保存力でない力}} + \underbrace{\frac{\partial T}{\partial q}}_{\text{見かけの力}} \quad (1.76)$$

(一般力,"力")

のような力を含んでいる.「ニュートンの運動方程式 = 運動量の時間微分は力である」というアナロジーに基づいてラグランジュの運動方程式を導いたので,(1.76) の左辺を一般運動量の時間微分と見なすのが自然であろう.そこで,あらためて**一般運動量**を

$$p = \frac{\partial L}{\partial \dot{q}} \quad (1.77)$$

で定義しよう.この一般運動量は,(1.48) の一般運動量 $\partial T/\partial \dot{q}$ を拡張したものと解釈できる.

(1.77) の一般運動量を使うと,ラグランジュの運動方程式 (1.66) と (1.75) は

$$\left.\begin{array}{l} \dfrac{dp}{dt} = \dfrac{\partial L}{\partial q} \\[1em] \dfrac{dp}{dt} = \dfrac{\partial L}{\partial q} + Q'_x \end{array}\right\} \quad (1.78)$$

となり,<u>一般運動量の時間微分は"力"である</u>ことを表している.

[例題 1.2] 単振り子

図1.3のように，単振り子が振動している．単振り子とは，重さのない棒（長さl）の先に付けたおもり（質量m）が，鉛直面内で往復運動する装置のことである．棒が鉛直線となす角度をθとする．

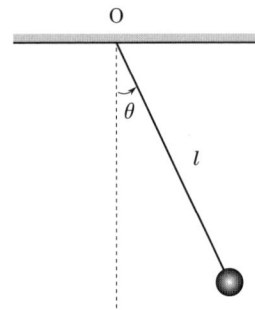

図1.3 長さlの単振り子

（1） 単振り子の運動を表すラグランジアン$L = T - U$は

$$L = \frac{1}{2} ml^2 \dot{\theta}^2 - mgl(1 - \cos\theta) \tag{1.79}$$

であることを示しなさい．ただし，$U(\theta)$は$U(0) = 0$とする．

（2） Lをラグランジュの運動方程式(1.66)に代入して，ニュートンの運動方程式

$$ml^2 \ddot{\theta} = -mgl \sin\theta \tag{1.80}$$

を導きなさい．

[解] （1） おもりの速さvは$v = l\dot{\theta}$であり，運動エネルギーは$T = mv^2/2$である．一方，ポテンシャルエネルギーUは，おもりのつり合いの位置（単振り子の最下点）を基準（$U = 0$）にとる．したがって，TとUは

$$T = \frac{1}{2} ml^2 \dot{\theta}^2, \quad U = mgl(1 - \cos\theta) \tag{1.81}$$

である．よって，ラグランジアン$L = T - U$は(1.79)となる．

(2) 一般座標 $q = \theta$ に対して，ラグランジュの運動方程式 (1.66) は

$$\frac{d}{dt}\left(\frac{\partial L}{\partial \dot{\theta}}\right) = \frac{\partial L}{\partial \theta} \tag{1.82}$$

となる．これに L を代入すれば，各項は

$$\left.\begin{array}{c}\dfrac{\partial L}{\partial \dot{\theta}} = \dfrac{\partial T}{\partial \dot{\theta}} = \dfrac{\partial}{\partial \dot{\theta}}\left(\dfrac{1}{2}\,ml^2\dot{\theta}^2\right) = ml^2\dot{\theta} \\[6pt] \dfrac{d}{dt}\left(\dfrac{\partial L}{\partial \dot{\theta}}\right) = ml^2\ddot{\theta} \\[6pt] \dfrac{\partial L}{\partial \theta} = -\dfrac{\partial U}{\partial \theta} = -\dfrac{\partial}{\partial \theta}\left(mgl\left(1-\cos\theta\right)\right) = -mgl\sin\theta\end{array}\right\} \tag{1.83}$$

となるので，ニュートンの運動方程式 (1.80) を得る． ¶

[例題 1.3] バネ質点系

図 1.4 のように，バネと質点からできた 1 次元のバネ質点系がある．質点（おもり）の変位を x，バネ定数を k とする．

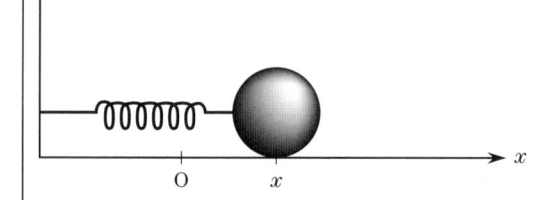

図 1.4 バネと質点（おもり）からなるバネ質点系

(1) バネ質点系の運動を表すラグランジアン L は

$$\boxed{L = \frac{1}{2}\,m\dot{x}^2 - \frac{1}{2}\,kx^2} \tag{1.84}$$

であることを示しなさい．

(2) L をラグランジュの運動方程式 (1.66) に代入して，ニュートンの運動方程式

$$m\ddot{x} = -kx \tag{1.85}$$

を導きなさい．

[解] （1）おもりの運動エネルギー T とポテンシャルエネルギー U は

$$T = \frac{1}{2}m\dot{x}^2, \qquad U = \frac{1}{2}kx^2 \tag{1.86}$$

である．したがって，ラグランジアン $L = T - U$ は (1.84) となる．

（2）一般座標 $q = x$ に対して，ラグランジュの運動方程式 (1.66) は

$$\frac{d}{dt}\left(\frac{\partial L}{\partial \dot{x}}\right) = \frac{\partial L}{\partial x} \tag{1.87}$$

となる．これに L を代入すれば，各項は

$$\frac{\partial L}{\partial \dot{x}} = m\dot{x}, \qquad \frac{d}{dt}\left(\frac{\partial L}{\partial \dot{x}}\right) = m\ddot{x}, \qquad \frac{\partial L}{\partial x} = -kx$$

となるので，ニュートンの運動方程式 (1.85) を得る． ¶

ラグランジュの運動方程式の共変性

一般座標 q をデカルト座標 x に選んだとしよう（$q = x$）．このとき，ラグランジュの運動方程式 (1.66) は

$$\frac{d}{dt}\left(\frac{\partial L}{\partial \dot{x}}\right) = \frac{\partial L}{\partial x} \tag{1.88}$$

と書ける．ここで，$\partial L/\partial \dot{x} = dT/d\dot{x} = p_x$ と $\partial L/\partial x = -dU/dx = F_x$ であることに注意すれば，(1.88) はニュートンの運動方程式 (1.34) と完全に一致する．見方を変えれば，この事実は，一般座標 x で書いたラグランジュの運動方程式 (1.88) があるとき，別の一般座標 q が x と $q = q(x, t)$ の座標変換 (1.41) で結び付いていれば，(1.88) と同じ形の運動方程式

$$\frac{d}{dt}\left(\frac{\partial L}{\partial \dot{q}}\right) = \frac{\partial L}{\partial q} \tag{1.89}$$

も成り立つことを意味している．これが，<u>座標変換に対してラグランジュの運動方程式は不変に保たれる</u>という意味で**共変性**とよばれる性質で，解析力学の最も重要なポイントである（[例題 1.4] を参照）．

1.3 解析力学の2つの形式

[例題 1.4] ラグランジュの運動方程式の共変性

(1.88) と (1.89) の間には

$$\frac{d}{dt}\left(\frac{\partial L}{\partial \dot{q}}\right) - \frac{\partial L}{\partial q} = \left\{\frac{d}{dt}\left(\frac{\partial L}{\partial \dot{x}}\right) - \frac{\partial L}{\partial x}\right\}\frac{\partial x}{\partial q} \quad (1.90)$$

が成り立つことを示しなさい．この結果から，もし (1.88) が成り立てば，(1.89) も成り立つことが保証される．

[解] ラグランジアン $L = L(q, \dot{q}, t)$ を $\dot{q}$ で微分すると

$$\frac{\partial L(q,\dot{q},t)}{\partial \dot{q}} = \frac{\partial L(x,\dot{x})}{\partial x}\frac{\partial x}{\partial \dot{q}} + \frac{\partial L(x,\dot{x})}{\partial \dot{x}}\frac{\partial \dot{x}}{\partial \dot{q}} = \frac{\partial L}{\partial \dot{x}}\frac{\partial \dot{x}}{\partial \dot{q}} = \frac{\partial L}{\partial \dot{x}}\frac{\partial x}{\partial q} \quad (1.91)$$

となる．この計算において，右辺のラグランジアンは変数変換する前のラグランジアン $L(x,\dot{x})$ を使うことに注意しよう．2番目の式で $x = x(q,t)$ であることに注意すると，$\partial x/\partial \dot{q} = 0$ だから3番目の式を得る．さらに，3番目の式で (1.46) を使うと最右辺の式になる．次に，(1.91) の時間微分を計算すると

$$\frac{d}{dt}\left(\frac{\partial L(q,\dot{q},t)}{\partial \dot{q}}\right) = \left\{\frac{d}{dt}\left(\frac{\partial L}{\partial \dot{x}}\right)\right\}\frac{\partial x}{\partial q} + \frac{\partial L}{\partial \dot{x}}\left\{\frac{d}{dt}\left(\frac{\partial x}{\partial q}\right)\right\}$$

$$= \left\{\frac{d}{dt}\left(\frac{\partial L}{\partial \dot{x}}\right)\right\}\frac{\partial x}{\partial q} + \frac{\partial L}{\partial \dot{x}}\frac{\partial \dot{x}}{\partial q} \quad (1.92)$$

となる．ここで，(1.54) の関係を使った．

一方，ラグランジアン $L = L(q, \dot{q}, t)$ を q で微分すると

$$\frac{\partial L(q,\dot{q},t)}{\partial q} = \frac{\partial L}{\partial x}\frac{\partial x}{\partial q} + \frac{\partial L}{\partial \dot{x}}\frac{\partial \dot{x}}{\partial q} \quad (1.93)$$

となる．したがって，(1.92) から (1.93) を引くと，(1.90) となることがわかる．なお，自由度 f の力学系に対しても同様の計算を行なえば，(1.90) のより一般的な表式が得られる (2.5節と演習問題 [2.4] を参照)． ¶

1.3.2 ハミルトン形式

1.3.1項で述べたように，ラグランジュ形式では，ニュートンの運動方程式はラグランジアン L から導かれる．ラグランジアン L は運動エネルギー T とポテンシャルエネルギー U の**差**で定義されたスカラー量である．では，T と U の**和**を利用した形式はないのだろうか？ 実は，これに当たるもの

が，次に述べるハミルトン形式とよばれるものである．

ハミルトンの運動方程式

ハミルトン形式では，一般座標 q, (1.77) の一般運動量 p, 時間 t を独立変数にとる．そして，**ハミルトニアン**というスカラーの関数

$$\boxed{H = H(q, p, t)} \tag{1.94}$$

を使って，ニュートンの運動方程式に対応する次の一組の方程式

$$\boxed{\frac{dq}{dt} = \frac{\partial H}{\partial p}, \quad \frac{dp}{dt} = -\frac{\partial H}{\partial q}} \tag{1.95}$$

を扱う．このペアになった2つの方程式が**ハミルトンの運動方程式**（または**ハミルトンの正準方程式**）とよばれるものである．

［例題 1.5］ バネ質点系のハミルトニアン

例題 1.3 で考えたバネ質点系を記述するラグランジアン (1.84) は $x, \dot{x}$ の関数である．一方，この系を記述するハミルトニアン H は

$$\boxed{H = \frac{p^2}{2m} + \frac{kq^2}{2}} \tag{1.96}$$

のように，q, p の関数である（(1.96) の導出は第 3 章の［例題 3.1］で行なう）．ただし，$q = x$ と $p = m\dot{x}$ である．

（1） (1.96) をハミルトンの運動方程式 (1.95) に代入して

$$\frac{dq}{dt} = \frac{p}{m}, \quad \frac{dp}{dt} = -kq \tag{1.97}$$

となることを示しなさい．

（2） ハミルトンの運動方程式 (1.97) からニュートンの運動方程式

$$m\ddot{q} = -kq \tag{1.98}$$

を導きなさい（演習問題［1.4］を参照）．

［解］（1） ハミルトニアン (1.96) を p, q で偏微分すると

1.3 解析力学の2つの形式

$$\frac{\partial H}{\partial p} = \frac{\partial}{\partial p}\left(\frac{p^2}{2m} + \frac{kq^2}{2}\right) = \frac{\partial}{\partial p}\left(\frac{p^2}{2m}\right) = \frac{p}{m} \quad (1.99)$$

$$\frac{\partial H}{\partial q} = \frac{\partial}{\partial q}\left(\frac{p^2}{2m} + \frac{kq^2}{2}\right) = \frac{\partial}{\partial q}\left(\frac{kq^2}{2}\right) = kq \quad (1.100)$$

となる．(1.99) を (1.95) の1番目の式に代入すると，(1.97) の1番目の式を得る．同様に，(1.100) を (1.95) の2番目の式に代入すると，(1.97) の2番目の式を得る．
（2）(1.97) の1番目の式を t で微分した

$$\frac{d}{dt}\left(\frac{dq}{dt}\right) = \frac{d}{dt}\left(\frac{p}{m}\right) \Rightarrow \ddot{q} = \frac{1}{m}\frac{dp}{dt} = \frac{\dot{p}}{m} \quad (1.101)$$

に，(1.97) の2番目の式 $\dot{p} = -kq$ を代入すると (1.98) になる．したがって，ハミルトンの運動方程式とニュートンの運動方程式は同等であることがわかる．　¶

ところで，ハミルトニアンとは一体何を表しているのだろうか．一般に，ある物理量の性質を調べるときには，その量の時間微分をとってみるのがよい．もし微分した結果がゼロになれば，その物理量は時間によらず常に一定（定数）であることを意味する（演習問題 [1.5] を参照）．そして，<u>時間が経っても何も変わらないことを保存する</u>といい，保存する物理量のことを**保存量（運動の恒量）**とよぶ．保存量は力学の問題を解く上で重要な役割を果たす．

全微分とハミルトニアン

物理量の時間微分をとるためには全微分を計算する必要がある．ここでは，全微分について述べた後，ハミルトニアンの物理的な意味を述べる．

〈関数 $F(u, v)$ の全微分〉

まずはじめに，点 A(u, v) とその近傍の点 B$(u + \Delta u, v + \Delta v)$ を想像して，それら2点における関数 $F(u, v)$ の値の差

$$\Delta F = F(u + \Delta u, v + \Delta v) - F(u, v) \quad (1.102)$$

を考えよう．いま Δu と Δv は小さな量として ΔF をテイラー展開すれば，(1.102) は

$$\Delta F = \frac{\partial F}{\partial u}\Delta u + \frac{\partial F}{\partial v}\Delta v \quad (1.103)$$

となる．ここで，u, v は時間 t の関数 $u(t), v(t)$ とすると，この ΔF が微小時間 Δt の間にどれくらい変化するかは，(1.103) を Δt で割った量

$$\frac{\Delta F}{\Delta t} = \frac{\partial F}{\partial u}\frac{\Delta u}{\Delta t} + \frac{\partial F}{\partial v}\frac{\Delta v}{\Delta t} \tag{1.104}$$

で決まる（(1.104)は(1.103)の両辺を形式的に Δt で割り算したものと単純に考えてよい）．これは微小時間 Δt における ΔF の平均的な時間変化率に当たるので，$\Delta t \to 0$ の極限では，(1.104)は

$$\boxed{\frac{dF}{dt} = \frac{\partial F}{\partial u}\frac{du}{dt} + \frac{\partial F}{\partial v}\frac{dv}{dt}} \tag{1.105}$$

のような微分で表現できる．この dF/dt で表された微分のことを**全微分**（**完全導関数**）といい，時間についてすべての項を微分するという意味合いがある．

要するに，変数 u, v がともに時間 t の関数であるときに，$F(u, v)$ の時間微分は(1.105)で与えられる．(1.105)からわかるように，t の微分は変数 u, v を介して F に作用するので，2つの項の和になる．1項目は「t による u の変化とその u による F の変化」であり，2項目は「t による v の変化とその v による F の変化」である．

もし(1.105)の右辺がゼロで

$$\boxed{\frac{dF}{dt} = 0} \tag{1.106}$$

となれば，F は保存量となる．

なお，(1.105)の dt を払った式

$$\boxed{dF = \frac{\partial F}{\partial u}du + \frac{\partial F}{\partial v}dv} \tag{1.107}$$

のことを全微分ということもある．

[**全微分の見方**]　$F(u, v)$ の全微分を眺めるときに注意してほしいことがある．それは，(1.107)の右辺が du と dv の変数の1次式になっていることである．あるいは，(1.105)では $\dot{u}, \dot{v}$ の1次式になっていることである．この1次式の変数

1.3 解析力学の2つの形式

に関する情報は，左辺の関数Fが独立変数uとvの関数であることを教えてくれる．つまり，右辺の変数を見ただけで，左辺の物理量Fが（たとえ，Fの変数が(u,v)と明示されていなくても）どのような独立変数に依存するかが判断できる．

このことを覚えていれば，ラグランジアンからハミルトニアンを定義するプロセスやハミルトンの運動方程式の導出（3.1節を参照），あるいは正準変換の母関数の導出（3.4.2項を参照）などが理解しやすくなるだろう．

〈関数 $F(u, v, t)$ の全微分〉

3変数の関数$F(u,v,t)$の全微分も，基本的な計算は(1.105)の2変数の関数$F(u,v)$の場合と変わらないが，もう少し数学的に厳密な計算過程を示しておこう．

$$\frac{d}{dt}F(u,v,t) \equiv \lim_{\varepsilon \to 0}\frac{F(u(t+\varepsilon),v(t+\varepsilon),t+\varepsilon) - F(u(t),v(t),t)}{(t+\varepsilon) - t} \tag{1.108}$$

において，u, v を

$$u(t+\varepsilon) \fallingdotseq u(t) + \varepsilon \dot{u}, \qquad v(t+\varepsilon) \fallingdotseq v(t) + \varepsilon \dot{v} \tag{1.109}$$

のようにテイラー展開すると，(1.108)は

$$\frac{d}{dt}F(u,v,t) = \lim_{\varepsilon \to 0}\frac{1}{\varepsilon}[F(u + \varepsilon \dot{u}, v + \varepsilon \dot{v}, t + \varepsilon) - F(u,v,t)] \tag{1.110}$$

となる．ここでFに対して，再びテイラー展開すると

$$F(u + \varepsilon \dot{u}, v + \varepsilon \dot{v}, t + \varepsilon) \fallingdotseq F(u,v,t) + \varepsilon \dot{u}\frac{\partial F}{\partial u} + \varepsilon \dot{v}\frac{\partial F}{\partial v} + \varepsilon \frac{\partial F}{\partial t} \tag{1.111}$$

となる．したがって，(1.111)を(1.110)に代入してεで割れば

$$\boxed{\frac{d}{dt}F(u,v,t) = \dot{u}\frac{\partial F}{\partial u} + \dot{v}\frac{\partial F}{\partial v} + \frac{\partial F}{\partial t}} \tag{1.112}$$

を得る．この場合も，(1.106)が成り立てばFは保存量である．

〈ハミルトニアンの物理的な意味〉

ハミルトニアン H の物理的な意味を知るために，時間に関する全微分をとろう．いま，H の変数は q, p だけでなく時間 t も直接含む（このことを<u>陽</u>に含むと表現する）として全微分の計算をすると，(1.112) より

$$\frac{dH(q,p,t)}{dt} = \frac{\partial H}{\partial q}\frac{dq}{dt} + \frac{\partial H}{\partial p}\frac{dp}{dt} + \frac{\partial H}{\partial t} \tag{1.113}$$

となる．この右辺にハミルトンの運動方程式 (1.95) を使うと

$$\frac{dH(q,p,t)}{dt} = \frac{\partial H}{\partial q}\frac{\partial H}{\partial p} - \frac{\partial H}{\partial p}\frac{\partial H}{\partial q} + \frac{\partial H}{\partial t} = \frac{\partial H}{\partial t} \tag{1.114}$$

となる．

ところで，もし $H(q,p,t)$ が時間を直接含まない（陽には含まない）場合を考えると，ハミルトニアンは $H(q,p)$ であるから

$$\frac{\partial H}{\partial t} = \frac{\partial H(q,p)}{\partial t} = 0 \tag{1.115}$$

となる．このとき，(1.114) は

$$\boxed{\frac{dH(q,p)}{dt} = 0} \tag{1.116}$$

となるので，$H(q,p)$ は保存することになる．この保存される量が，系の力学的エネルギーになる．つまり，ハミルトニアン H が時間に陽に依存しない場合，<u>$H(q,p)$ は系のエネルギー E を表す</u>（$H(q,p) = E$）ことになる．ただし，ハミルトニアンが $H(q,p,t)$ のように時間を陽に含む場合は，$H(q,p,t) \neq E$ であることを忘れてはならない．

演 習 問 題

[1.1] 極座標 (r,θ) で表したニュートンの運動方程式が (1.7) であるとしよう．いま，r 方向の力がはたらいていない場合の運動を考えると $F_r = 0$ であるから，直線運動の解が期待される．しかし，初期値を $t=0$ で $r=a, dr/dt=0$ として (1.7) を解くと，矛盾した解が現れる．どのような解であるかを示しなさい．

[☞ 1.2.1 項]

[1.2] 変数 x に対する微分が

$$\frac{d}{dt}\left(\frac{\partial x}{\partial \theta}\right) = \frac{\partial}{\partial \theta}\left(\frac{dx}{dt}\right) \tag{1.117}$$

のように，t と θ の微分の順序を変えても偏微分の結果は変わらないことを $x = l\cos\theta$ で確認しなさい．

[☞ 1.3.1 項]

[1.3] 保存力 $F = -dU(x)/dx$ によって x 方向に運動している質点（質量 m）がある．この運動を記述するニュートンの運動方程式

$$m\frac{d^2 x}{dt^2} = -\frac{dU(x)}{dx} \tag{1.118}$$

を与えるラグランジアン L を求めなさい．

[☞ 1.3.1 項]

[1.4] バネ質点系のニュートンの運動方程式 (1.98) の両辺に $\dot{q}$ を掛けてから積分すれば

$$\frac{1}{2}m\dot{q}^2 + \frac{1}{2}kq^2 = 一定 \tag{1.119}$$

となることを示しなさい．

[☞ 1.3.2 項]

[1.5] (1.96) のハミルトニアン H を使って，$\dot{H} = 0$ となることを示しなさい．

[☞ 1.3.2 項]

2. ラグランジュ形式の基礎

　第1章で述べたように，解析力学はニュートンの運動方程式のもつ座標変換に関する難点を解消するために構築された．本章では，第1章で示した1次元の議論を2次元以上に拡張して，一般的なラグランジュの運動方程式の導出と一般力について解説する．

　次に，**ハミルトンの原理**からラグランジュの運動方程式がごく自然に導き出されることを解説する．このとき**変分法**を用いるが，これは，ハミルトンの原理を数学的に表現したものである．

　さらに，このハミルトンの原理を利用して，**ラグランジュの未定乗数法**を導く．これは，束縛問題に対する強力な解法を与えるもので，解析力学の実用性と有効性が実感できるものである．

　本章ではラグランジュの運動方程式が中心になるので，最初に拡大表示しておこう．

ラグランジュの運動方程式

ラグランジアン

$$L(q_i, \dot{q}_i, t) = T - U \tag{2.1}$$

に対して（添字 i は $i = 1, 2, \cdots, f$ で，f は系の自由度），保存力だけを含む場合：

$$\frac{d}{dt}\left(\frac{\partial L}{\partial \dot{q}_i}\right) = \frac{\partial L}{\partial q_i} \tag{2.2}$$

保存力でない力による一般力 Q_i' なども含む場合：

$$\frac{d}{dt}\left(\frac{\partial L}{\partial \dot{q}_i}\right) = \frac{\partial L}{\partial q_i} + Q_i' \tag{2.3}$$

散逸関数 D で表される抵抗力も含む場合：

$$\frac{d}{dt}\left(\frac{\partial L}{\partial \dot{q}_i}\right) = \frac{\partial L}{\partial q_i} + Q_i' - \frac{\partial D}{\partial \dot{q}_i} \tag{2.4}$$

学 習 目 標

① 自由度と一般座標を理解する．
② 一般運動量と一般力を理解する．
③ ラグランジュの運動方程式を使えるようになる．
④ 仮想変位の意味を理解する．
⑤ ハミルトンの原理を説明できるようになる．
⑥ ラグランジュの未定乗数法を使えるようになる．

2.1 自由度と一般座標

　自由度は力学の問題を考えるときに最も基本的な量の1つで，この値によって運動のタイプが決まる．また，一見異なって見える力学の問題も，自由度が同じであれば，本質的に同等の現象であると見なすことができる．

　一方，力学の問題を解くとき，問題を解きやすくする座標系を選ぶことがポイントである．ニュートンの運動方程式を解くときに，デカルト座標や極座標などを使うが，解析力学ではもっと広い意味をもった一般座標という量を使う．したがって，本章では最も基本的な自由度と一般座標の解説から始めよう．

2.1.1 自 由 度

　一般に，質点の運動を決める独立な変数や座標の数のことを，運動の**自由度**（degree of freedom）という．

　質点が何の束縛も受けずに，自由に運動していることを**自由運動**（自由な運動）という．例えば，2次元平面内で1個の質点が自由な運動をする場合，

質点の位置はデカルト座標(x, y)や極座標(r, θ)で決まるから，自由度は2である．質点の数がN個から成る**質点系**（複数の質点から成る1つの体系のことで，**力学系**ともよぶ）であれば，自由度fは

$$f = 2 \times N = 2N \tag{2.5}$$

となる．

同様に，3次元空間内で1個の質点が自由な運動をしている場合，質点の位置はデカルト座標(x, y, z)や円筒座標(r, θ, z)などで決まるから，自由度は3である．質点の数がN個から成る質点系であれば，自由度fは

$$f = 3 \times N = 3N \tag{2.6}$$

となる．

束縛運動の自由度

現実の運動には何らかの制限が加わることが多い．このような運動を**束縛運動**（束縛された運動）という．このとき，自由度はどうなるだろうか？

例えば，図1.3のような鉛直面内での単振り子の運動で考えてみよう．鉛直平面（これをxy平面とする）内で運動する振り子のおもりの位置は，デカルト座標(x, y)や極座標(r, θ)で表せる．そのため，振り子の自由度は2だと言えそうである．しかし，振り子の長さ（lとする）は変わらないから，デカルト座標では$x^2 + y^2 = l^2$という条件が付き，極座標では$r = l$という条件が付く．そのため，この条件から独立な変数が1つ消せるので，運動を記述する変数はデカルト座標ではx（あるいはy）だけでよく，極座標ではθだけになる．この結果，振り子の自由度は1になる．

この例からわかるように，運動に何らかの**束縛条件**（**拘束条件**ともいう）が付くと，その束縛条件の数だけ自由度の数が減る．つまり，<u>自由度fは独立な変数の数</u>でなければならない．例えば，振り子の自由度1は，平面運動の自由度2から束縛条件（振り子の長さlは一定）の個数1を引いた$2 - 1 = 1$である．このように自由度fは，自由な運動と見なした場合の自由度nから，その運動に課せられている束縛条件の個数mを引いた

2.1 自由度と一般座標

$$f = n - m \tag{2.7}$$

で定義され，独立な変数の数になっている．

自由度による運動の分類

自由度という視点で運動を眺めると，一見異なって見える運動も同じ種類の運動であることがわかる．例えば，図 2.1 の運動はすべて自由度 1 である．そのため，これらの運動はすべて 1 個の変数（例えば x や θ）によって記述できる．

同様に，図 2.2 の運動はすべて自由度 2 である．そのため，これらの運動はすべて 2 個の変数（例えば x, y や θ_1, θ_2）によって記述できる．

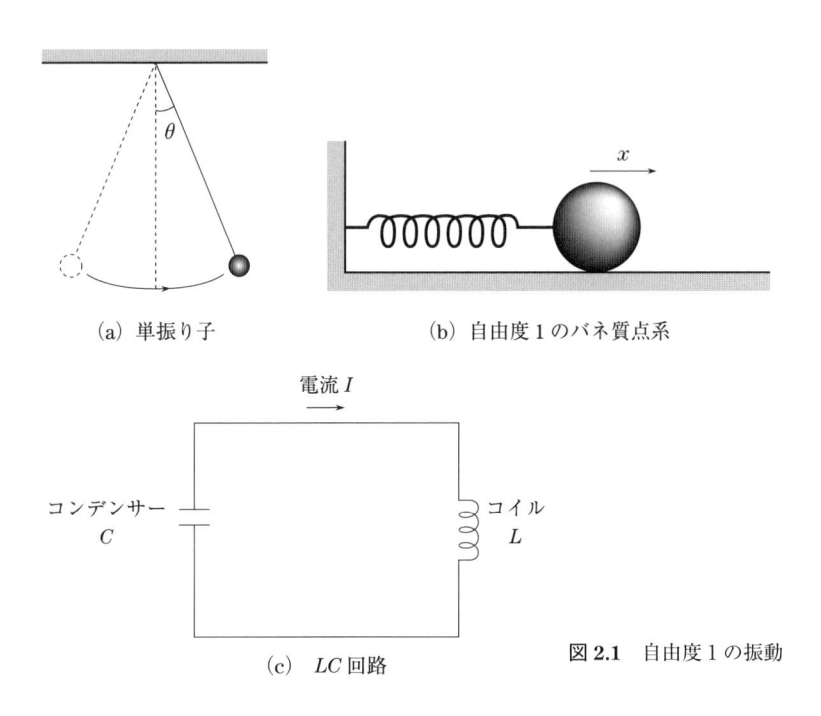

(a) 単振り子　　　　(b) 自由度 1 のバネ質点系

(c) LC 回路

図 2.1　自由度 1 の振動

(a) 円すい振り子

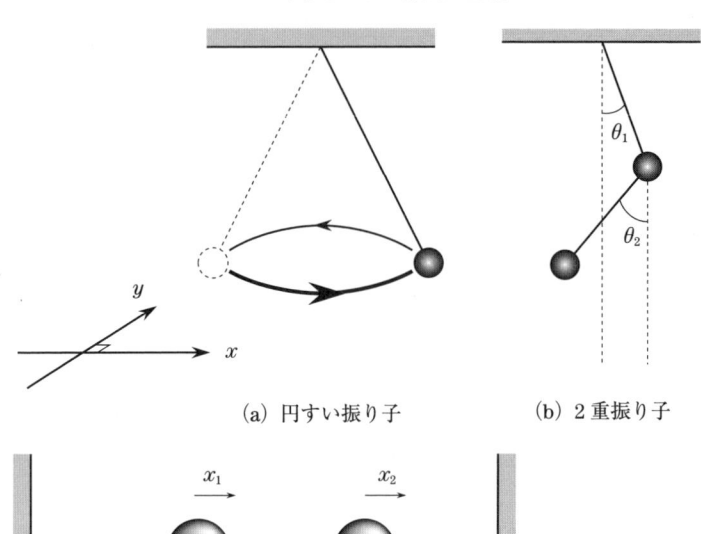

(b) 2重振り子

(c) 自由度2のバネ質点系

図 2.2　自由度2の振動

2.1.2　一般座標

　自由度 f の定義 (2.7) から，自由度 f の力学系の運動は常に f 個の独立な変数で記述される．そして，独立な変数ならばどのような座標を用いてもよい．例えば $f=3$ の場合，デカルト座標 (x,y,z) でも円筒座標 (r,θ,z) でも球座標 (r,θ,ϕ) でも構わない．あるいは，もっと他の座標を選んでもよい．そこで，いろいろな座標を一般的に扱うために

$$q_1,\ q_2,\ \cdots,\ q_f \tag{2.8}$$

という文字で座標や変数を表すことにし，この $q_1, q_2, \cdots, q_f$ を**一般座標**という（第1章の1次元の運動の (1.39) や (1.41) で導入した一般座標 q は，ここで言うところの q_1 と考えてもよい）．

一般座標の通し番号

　自由度 f の運動は，f 個の一般座標 q で記述できる．いま，1個の質点が自

2.1 自由度と一般座標

由度 2 をもつとしよう．N 個の質点 (質点 1, 質点 2, $\cdots$, 質点 N) があるとき，各質点ごとに 2 個の q が必要だから，q の総数は $2N$ で自由度は $f = 2N$ である．このとき，質点 1 は (q_1, q_2)，質点 2 は (q_3, q_4) と座標を割り当てて

$$(q_1, q_2), \quad (q_3, q_4), \quad \cdots, \quad (q_{2N-1}, q_{2N}) \tag{2.9}$$

のように，$2N$ 番目まで通し番号を付けて，N 個の質点を区別する．例えば，一般座標として極座標 (r, θ) を選んだとき，質点 1 と質点 2 を区別するために極座標を (r_1, θ_1) と (r_2, θ_2) と書く．これを (2.9) では $q_1 = r_1, q_2 = \theta_1$, $q_3 = r_2, q_4 = \theta_2$ とおいていることになる．

同様に，1 個の質点が自由度 3 をもつ場合，N 個の質点系の運動は，$3N$ 個の一般座標によって

$$(q_1, q_2, q_3), \quad (q_4, q_5, q_6), \quad \cdots, \quad (q_{3N-2}, q_{3N-1}, q_{3N}) \tag{2.10}$$

のように表される．この系の自由度は $f = 3N$ である．

デカルト座標の通し番号

ニュートンの運動方程式を考えるとき，<u>デカルト座標は最も基本的な座標である</u>．そして，第 1 章でラグランジュの運動方程式を導くときにも，この座標は特別な役割を果たした．そのため，デカルト座標にも通し番号を付けた方が便利である．例えば，自由度 2 の N 個の質点のデカルト座標 (x, y) を

$$(x_1, y_1), \quad (x_2, y_2), \quad \cdots, \quad (x_N, y_N) \tag{2.11}$$

と書く代わりに

$$(x_1, x_2), \quad (x_3, x_4), \quad \cdots, \quad (x_{2N-1}, x_{2N}) \tag{2.12}$$

のように通し番号を付ける．つまり

$$(x_1, x_2) = (x_1, y_1), \quad (x_3, x_4) = (x_2, y_2), \quad \cdots, \quad (x_{2N-1}, x_{2N}) = (x_N, y_N) \tag{2.13}$$

である．

同様に，N 個の質点にはたらく力 (F_x, F_y) も

$$(F_{x_1}, F_{y_1}), \quad (F_{x_2}, F_{y_2}), \quad \cdots, \quad (F_{x_N}, F_{y_N}) \tag{2.14}$$

と書く代わりに

$$(F_1, F_2), \quad (F_3, F_4), \quad \cdots, \quad (F_{2N-1}, F_{2N}) \tag{2.15}$$

のように通し番号を付ける．つまり

$$(F_1, F_2) = (F_{x_1}, F_{y_1}), \quad (F_3, F_4) = (F_{x_2}, F_{y_2}), \quad \cdots, \quad (F_{2N-1}, F_{2N}) = (F_{x_N}, F_{y_N}) \tag{2.16}$$

である．また，各質点の質量は1つであるが，便宜上，2つの成分を使ってN個の質点の質量にも

$$(m_1, m_2), \quad (m_3, m_4), \quad \cdots, \quad (m_{2N-1}, m_{2N}) \tag{2.17}$$

のように，$2N$番目まで通し番号を付ける．ただし，$m_1 = m_2, m_3 = m_4, \cdots, m_{2N-1} = m_{2N}$である．

一般座標の添字と次元

一般座標$q_1, q_2, \cdots, q_f$を簡潔に表記するために

$$q_i \quad \text{あるいは} \quad q \tag{2.18}$$

と書くことがある．この記法において，qの添字が$1, 2, \cdots, f$までの数を表していることを忘れなければ，添字の文字はiでなくてもよい（例えば，jやk）．なお，1.3.1項では1質点の1次元運動を扱ったのでqを使ったが，そのqと(2.18)のqを混同しないように注意してほしい（1.3.1項のqは$q_1 = q$とおいたものに当たる）．

一般座標q_1, q_2としてデカルト座標x, yを選べば，$q_1 = x, q_2 = y$である．このとき，x, yの次元は長さ（$[x] = [y] = \mathrm{L}$）だから，q_1, q_2はともに長さの次元をもつ．また，一般座標として極座標(r, θ)を選べば，$q_1 = r, q_2 = \theta$である．このとき，rの次元は長さ（$[r] = \mathrm{L}$）で，θの次元は無次元（$[\theta] = 1$）である．このため，q_1は長さの次元をもつが，q_2は無次元である．

このように，<u>一般座標は常に長さの次元をもつわけではない</u>ことに注意しなければならない．

2.2 ラグランジュの運動方程式

| 2.1 | 2.2 | 2.3 | 2.4 | 2.5 | 2.6 |

1.3 節では，1 次元の運動（つまり，自由度 1 の運動）を考えて，デカルト座標 x と一般座標 q の変数変換を利用してラグランジュの運動方程式を導いた．ここでは，自由度に制限を付けないで，自由度 f の多自由度系の運動を考えよう．

2.2.1 運動方程式の導出

本節での話の流れは，1.3.1 項での 1 次元での話と同じである．各項の見出しの隣に示された式番号は，1.3.1 項の対応する式番号である．もし，話の筋がわからなくなったら，それらと見比べながら読んでいくとよいだろう．

ラグランジュの運動方程式を導く方針　［☞　(1.34)］

ニュートンの運動方程式を利用しながら，「一般運動量の時間微分は"力"である」という考えに従って，ラグランジュの運動方程式を導く．

自由度 f のニュートンの運動方程式　［☞　(1.34)］

まずはじめに，自由度 2 の運動，例えば，xy 平面上で運動している 1 個の質点の運動の場合，デカルト座標 (x_1, y_1) と力 $\bm{F}$ の成分 (F_{x_1}, F_{y_1}) を通し番号（(2.12) と (2.15)）で表すと，(x_1, x_2) と (F_1, F_2) だからニュートンの運動方程式 (1.2) の成分表示は

$$\frac{dp_{x_1}}{dt} = F_1, \qquad \frac{dp_{x_2}}{dt} = F_2 \tag{2.19}$$

となる（$p_{x_1} = m_1 \dot{x}_1, p_{x_2} = m_2 \dot{x}_2, m_1 = m_2$）．したがって，$N$ 個の質点から成る力学系（または質点系）の運動に対して，ニュートンの運動方程式 (1.2) の i 成分は

$$\frac{dp_{x_i}}{dt} = F_i \qquad (i = 1, 2, \cdots, f) \tag{2.20}$$

で表される.ここで,1個の質点の自由度が1であれば $f = N$,自由度が2であれば $f = 2N$,自由度が3であれば $f = 3N$ である((2.5)と(2.6)を参照).

運動エネルギーと運動量の関係 [☞ (1.35)〜(1.38)]

速度 $\dot{x}_i$ で運動している i 番目の質点の運動エネルギー T_i は

$$T_i = \frac{1}{2} m_i \dot{x}_i^2 = T_i(\dot{x}_i) \tag{2.21}$$

なので,力学系の運動エネルギー T は T_i の総和から

$$T = \sum_{i=1}^{f} \frac{1}{2} m_i \dot{x}_i^2 = T(\dot{x}_1, \dot{x}_2, \cdots, \dot{x}_f) = T(\dot{x}) \tag{2.22}$$

で与えられる.ここで,最右辺の $T(\dot{x})$ は $T(\dot{x}_1, \dot{x}_2, \cdots, \dot{x}_f)$ を簡潔に表現したものなので,この後の導出過程で用いることにする.

i 番目の質点の運動量 p_{x_i} は

$$p_{x_i} = m_i \dot{x}_i \tag{2.23}$$

で与えられ

$$\frac{\partial T_i}{\partial \dot{x}_i} = \frac{\partial}{\partial \dot{x}_i}\left(\frac{1}{2} m_i \dot{x}_i^2\right) = m_i \dot{x}_i \tag{2.24}$$

という関係が成り立つ.そのため,力学系の各質点の運動量は(2.22)を用いて

$$\boxed{p_{x_i} = \frac{\partial T(\dot{x})}{\partial \dot{x}_i} \qquad (i = 1, 2, \cdots, f)} \tag{2.25}$$

のように与えられる.

一般座標 [☞ (1.39)〜(1.42)]

一般座標 q_i とデカルト座標 x_i の間には,(1.41),(1.42)と同様な座標変換の式

$$q_i = q_i(x_1, x_2, \cdots, x_f, t) = q_i(x, t) \tag{2.26}$$

$$x_i = x_i(q_1, q_2, \cdots, q_f, t) = x_i(q, t) \tag{2.27}$$

が成り立つものとする($i = 1, 2, \cdots, f$).ここで,最右辺の $q_i(x, t), x_i(q, t)$ は

2.2 ラグランジュの運動方程式

ともに 2 番目の式を簡潔に表現したものである．

座標変換 (2.27) は，例えば，デカルト座標 (x, y) と極座標 (r, θ) の場合，$x = r\cos\theta$, $y = r\sin\theta$ であるから，$x = x(r, \theta)$, $y = y(r, \theta)$ を意味する．つまり，$x_1 = x$, $x_2 = y$, $q_1 = r$, $q_2 = \theta$ とおいたものが，$x_1 = x_1(q_1, q_2)$, $x_2 = x_2(q_1, q_2)$ になる（演習問題 [4.4] とその解答のコメントを参照）．

一般速度 [☞ (1.43) ～ (1.47)]

一般座標 q_i の時間微分 $\dot{q}_i$ を**一般速度**という．いま x_i の時間微分 dx_i/dt を計算すると，座標変換 (2.27) から

$$\dot{x}_i = \frac{dx_i}{dt} = \frac{\partial x_i}{\partial q_1}\frac{dq_1}{dt} + \cdots + \frac{\partial x_i}{\partial q_f}\frac{dq_f}{dt} + \frac{\partial x_i}{\partial t}\frac{dt}{dt} = \sum_{j=1}^{f}\frac{\partial x_i}{\partial q_j}\dot{q}_j + \frac{\partial x_i}{\partial t} \tag{2.28}$$

となる（この計算法は (1.43) を参照）．この結果から，$\dot{x}_i$ は $q_j, \dot{q}_j, t$ の関数であることがわかるので，(2.18) の記法を用いて $q_j, \dot{q}_j$ を簡潔に $q, \dot{q}$ で表すと，$\dot{x}_i$ の座標変換は

$$\boxed{\dot{x}_i = \dot{x}_i(q_1, q_2, \cdots, q_f, \dot{q}_1, \dot{q}_2, \cdots, \dot{q}_f, t) = \dot{x}_i(q, \dot{q}, t)} \tag{2.29}$$

で与えられる．ここで，最右辺の $\dot{x}_i(q, \dot{q}, t)$ は 2 番目の式を簡潔に表現したものである．したがって，(2.22) の運動エネルギー T は座標変換 (2.29) より

$$\boxed{T(\dot{x}) = T(q, \dot{q}, t)} \tag{2.30}$$

のように書くことができる．ただし，(2.30) の等号の意味するところは，両辺の関数が数値的に等しくなるということだけで，両辺の関数形は異なる（例えば，$T(\dot{x}, \dot{y}) = m(\dot{x}^2 + \dot{y}^2)/2$ と例題 2.1 の (2.67) の $T(r, \dot{r}, \dot{\theta})$ のように）．

式の変形に必要な関係式　速度 $\dot{x}_i$ を一般速度 $\dot{q}_j$ で微分すると，(2.28) から

$$\frac{\partial \dot{x}_i}{\partial \dot{q}_j} = \frac{\partial x_i}{\partial q_j} \tag{2.31}$$

を得る．これは，この後の導出過程で利用される関係式である（演習問題 [2.1] を参照）．

アインシュタインの規約　(2.28) の最右辺における総和記号は q_j と $\dot{q}_j$ の

添字 j に対するものであるが，このように添字に同じ文字が現れたら，その添字の総和をとるという約束のもとに，総和記号を省略することがある．これを**アインシュタインの規約**（Einstein's rule）という．添字にどのような文字を使っても結果は変わらないから，このような便宜的な添字のことを**ダミーの添字**（dummy index）という．この規約を使えば，(2.28) は

$$\dot{x}_i = \sum_{j=1}^{f} \frac{\partial x_i}{\partial q_j} \dot{q}_j + \frac{\partial x_i}{\partial t} = \frac{\partial x_i}{\partial q_j} \dot{q}_j + \frac{\partial x_i}{\partial t} \tag{2.32}$$

のように，$\sum$ 記号を省略できる．この規約は総和記号や添字を含む数式の簡略な表現方法なので，使えるようになるのが望ましい．そのため，本書では，この規約を用いた表現を適宜用いることにする．

一般運動量 [☞ (1.48) 〜 (1.50)]

一般座標 q_i に対応する一般運動量

$$\boxed{p_i = \frac{\partial T(q, \dot{q}, t)}{\partial \dot{q}_i}} \tag{2.33}$$

とデカルト座標での (2.25) の運動量 p_{x_j} との間には

$$p_i = \frac{\partial T(\dot{x})}{\partial \dot{q}_i} = \sum_{j=1}^{f} \frac{\partial T(\dot{x})}{\partial \dot{x}_j} \frac{\partial \dot{x}_j}{\partial \dot{q}_i} = \sum_{j=1}^{f} p_{x_j} \frac{\partial \dot{x}_j}{\partial \dot{q}_i} \tag{2.34}$$

が成り立つ．この最右辺に (2.31) を使うと (2.34) は

$$\boxed{p_i = \sum_{j=1}^{f} p_{x_j} \frac{\partial x_j}{\partial q_i} \quad (i = 1, 2, \cdots, f)} \tag{2.35}$$

となる．これは (1.50) に対応しており，一般運動量 p_i と運動量 p_{x_j} を結び付ける式で，ラグランジュの運動方程式を導く基になる式である．

一般運動量の時間微分 [☞ (1.51) 〜 (1.55)]

「ラグランジュの運動方程式を導く方針」で述べたように，「一般運動量の時間微分は"力"である」と考えるから，一般運動量 p_i の時間微分

$$\frac{dp_i}{dt} = \sum_{j=1}^{f} F_j \frac{\partial x_j}{\partial q_i} + \frac{\partial T}{\partial q_i} \quad (i = 1, 2, \cdots, f) \tag{2.36}$$

2.2 ラグランジュの運動方程式

の右辺の2つの項が"力"を表している.

⟨(2.36) の導出⟩

$$\frac{dp_i}{dt} = \frac{d}{dt}\left(\sum_{j=1}^{f} p_{x_j}\frac{\partial x_j}{\partial q_i}\right) = \sum_{j=1}^{f}\left(\frac{dp_{x_j}}{dt}\right)\frac{\partial x_j}{\partial q_i} + \sum_{j=1}^{f} p_{x_j}\left\{\frac{d}{dt}\left(\frac{\partial x_j}{\partial q_i}\right)\right\} \tag{2.37}$$

の右辺1項目は, (2.20) のニュートンの運動方程式で書き換えると

$$(2.37) \text{の右辺1項目} = \sum_{j=1}^{f}\left(\frac{dp_{x_j}}{dt}\right)\frac{\partial x_j}{\partial q_i} = \sum_{j=1}^{f} F_j \frac{\partial x_j}{\partial q_i} \tag{2.38}$$

となる.

(2.37) の右辺2項目の t による微分は, q_i による微分と順序を変えても偏微分の結果は変わらないから

$$\frac{d}{dt}\left(\frac{\partial x_j}{\partial q_i}\right) = \frac{\partial}{\partial q_i}\left(\frac{dx_j}{dt}\right) = \frac{\partial \dot{x}_j}{\partial q_i} \tag{2.39}$$

のように書ける. その結果,

$$(2.37) \text{の右辺2項目} = \sum_{j=1}^{f} p_{x_j}\left(\frac{\partial \dot{x}_j}{\partial q_i}\right) = \sum_{j=1}^{f} \frac{\partial T(\dot{x})}{\partial \dot{x}_j}\left(\frac{\partial \dot{x}_j}{\partial q_i}\right) = \frac{\partial T}{\partial q_i} \tag{2.40}$$

となる. 途中の式変形で $p_{x_j} = \partial T(\dot{x})/\partial \dot{x}_j$ を使った.

コメント:アインシュタインの規約を用いた計算例 (2.36) から (2.38) までの計算を, 規約を使って表現すれば, (2.36) は

$$\frac{dp_i}{dt} = F_j \frac{\partial x_j}{\partial q_i} + \frac{\partial T}{\partial q_i} \qquad (i = 1, 2, \cdots, f) \tag{2.41}$$

で, (2.37) は

$$\frac{dp_i}{dt} = \frac{d}{dt}\left(p_{x_j}\frac{\partial x_j}{\partial q_i}\right) = \left(\frac{dp_{x_j}}{dt}\right)\frac{\partial x_j}{\partial q_i} + p_{x_j}\left\{\frac{d}{dt}\left(\frac{\partial x_j}{\partial q_i}\right)\right\} \tag{2.42}$$

となる. そして, (2.38) は

$$(2.37) \text{の右辺1項目} = \left(\frac{dp_{x_j}}{dt}\right)\frac{\partial x_j}{\partial q_i} = F_j \frac{\partial x_j}{\partial q_i} \tag{2.43}$$

である.

アインシュタインの規約を使うと，数式がすっきりして見通しも良くなるので，このような使い方に慣れるのもよいだろう．

一般力と見かけの力　[☞　(1.56) ～ (1.57)]

一般運動量 p_i の時間微分 (2.36) の式において，F_j を含む項が**一般力**になるので，これを

$$Q_i = \sum_{j=1}^{f} F_j \frac{\partial x_j}{\partial q_i} \qquad (i = 1, 2, \cdots, f) \tag{2.44}$$

で表す（一般力の物理的な解釈は 2.3.1 項を参照）．これを使って (2.36) を書き換えれば

$$\frac{dp_i}{dt} = Q_i + \frac{\partial T}{\partial q_i} \tag{2.45}$$

となる．(2.45) の右辺 2 項目の $\partial T/\partial q_i$ は**見かけの力**を表している．

ラグランジュの運動方程式　[☞　(1.58) ～ (1.75)]

これ以降は，1.3 節で述べたのと同じ理由により，(2.45) の p_i を (2.33) の運動エネルギー T に書き換えた**スカラー方程式**

$$\frac{d}{dt}\left(\frac{\partial T}{\partial \dot{q}_i}\right) = Q_i + \frac{\partial T}{\partial q_i} \qquad (i = 1, 2, \cdots, f) \tag{2.46}$$

をラグランジュの運動方程式の導出に使う．（1）で (2.44) の F_j が保存力の場合を，（2）で F_j が非保存力も含む場合を考える．

（1）力 F_j が保存力 $F_{c,j}$ だけの場合（$F_j = F_{c,j}$）

質点にはたらく力 F_j は保存力 $F_{c,j}$ だけであるとする．保存力はポテンシャルエネルギー U から導かれる力で，これに対応する一般力を $Q_{c,i}$ とすれば，(2.44) より

$$Q_{c,i} = \sum_{j=1}^{f} F_{c,j} \frac{\partial x_j}{\partial q_i} \qquad (i = 1, 2, \cdots, f) \tag{2.47}$$

である．

2.2 ラグランジュの運動方程式

この後の議論は，ポテンシャルエネルギー U が x だけに依存する場合を (1-1) で，速度 $\dot{x}$ にも依存する場合を (1-2) で行なう．

(1-1) ポテンシャルエネルギーが x だけに依存する場合（$U(x)$）

ポテンシャルエネルギー U は座標 $x_1, x_2, \cdots, x_f$ だけに依存するから $U(x_1, x_2, \cdots, x_f) = U(x)$ と書けば，保存力は

$$\boxed{F_{\mathrm{c},j} = -\frac{\partial U(x)}{\partial x_j}} \tag{2.48}$$

で定義される．そして，この $F_{\mathrm{c},j}$ に対応する一般力 $Q_{\mathrm{c},i}$ は (2.47) から

$$Q_{\mathrm{c},i} = -\sum_{j=1}^{f}\frac{\partial U(x)}{\partial x_j}\frac{\partial x_j}{\partial q_i} = -\frac{\partial U(x)}{\partial q_i} = -\frac{\partial U(q)}{\partial q_i} \tag{2.49}$$

で与えられる．ただし，最右辺の $U(q)$ は $U(x(q))$ を簡潔に表したもので，数値的に $U(q)$ は $U(x)$ と同じ値をとることを意味し，$U(q)$ の関数形は $U(x)$ と同じではない．

この一般力 (2.49) をスカラー方程式 (2.46) に代入（$Q_i = Q_{\mathrm{c},i}$）すると，(2.46) は

$$\frac{d}{dt}\left(\frac{\partial T}{\partial \dot{q}_i}\right) = -\frac{\partial U}{\partial q_i} + \frac{\partial T}{\partial q_i} \quad (i = 1, 2, \cdots, f) \tag{2.50}$$

となる．ここで，**ラグランジアン L** を (2.18) の記法を使って

$$\boxed{L(q, \dot{q}, t) = T(q, \dot{q}, t) - U(q)} \tag{2.51}$$

で定義すると，$\partial U(q)/\partial \dot{q}_i = 0$ であるから，(1.65) と同じ理由によって (2.50) は

$$\boxed{\frac{d}{dt}\left(\frac{\partial L}{\partial \dot{q}_i}\right) = \frac{\partial L}{\partial q_i} \quad (i = 1, 2, \cdots, f)} \tag{2.52}$$

と書くことができる．この (2.52) が**自由度 f の力学系に対するラグランジュの運動方程式**になる．

(1-2) ポテンシャルエネルギーが $\dot{x}$ にも依存する場合（$U(x, \dot{x})$）

座標 $x_1, x_2, \cdots, x_f$ と速度 $\dot{x}_1, \dot{x}_2, \cdots, \dot{x}_f$ を $x, \dot{x}$ と略記すれば，この場合の

ポテンシャルエネルギー U は $U(x, \dot{x})$ で，保存力は

$$F_{c,j} = -\frac{\partial U(x, \dot{x})}{\partial x_j} \tag{2.53}$$

で与えられる．これに対応する一般力 $Q_{c,i}$ は (2.49) の $U(q)$ と異なり $U(q, \dot{q})$ になる．このとき，ラグランジアンを

$$L(q, \dot{q}, t) = T(q, \dot{q}, t) - U(q, \dot{q}) \tag{2.54}$$

のように定義すると，ラグランジュの運動方程式 (2.52) を成り立たせる一般力の形は，(1.68) 〜 (1.70) と同じ論法により

$$Q_{c,i} = -\frac{\partial U(q, \dot{q})}{\partial q_i} + \frac{d}{dt}\left(\frac{\partial U(q, \dot{q})}{\partial \dot{q}_i}\right) \tag{2.55}$$

であればよいことがわかる．

(2.55) の具体的な例としては，荷電粒子が磁場の中で運動する問題がある．この場合，荷電粒子には粒子の速度に依存した磁気力がはたらく（演習問題 [2.2] を参照）．

（2）力 F_j に保存力でない力 F_j' も含まれる場合（$F_j = F_{c,j} + F_j'$）

保存力でない力 F_j' とは，(2.48) の保存力 $F_{c,j}$ 以外の力のことである．この場合，力 F_j は

$$F_j = F_{c,j} + F_j' \tag{2.56}$$

のように2つに分かれるので，これを (2.44) の一般力に代入すると，一般力の方も

$$Q_i = Q_{c,i} + Q_i' = -\frac{\partial U}{\partial q_i} + Q_i' \tag{2.57}$$

のように2つに分かれる．ここで，Q_i' は保存力でない力 F_j' に対応する一般力を表し，

$$\boxed{Q_i' = \sum_{j=1}^{f} F_j' \frac{\partial x_j}{\partial q_i} \qquad (i = 1, 2, \cdots, f)} \tag{2.58}$$

で定義される．

2.2 ラグランジュの運動方程式

(2.57) の一般力 Q_i をスカラー方程式 (2.46) に代入すると

$$\frac{d}{dt}\left(\frac{\partial T}{\partial \dot{q}_i}\right) = -\frac{\partial U}{\partial q_i} + Q_i' + \frac{\partial T}{\partial q_i} \tag{2.59}$$

となる．(2.59) の Q_i' 以外の部分は (2.50) と同じだから，ラグランジュの運動方程式 (2.52) になる．したがって，Q_i' を含む場合のラグランジュの運動方程式は

$$\boxed{\frac{d}{dt}\left(\frac{\partial L}{\partial \dot{q}_i}\right) = \frac{\partial L}{\partial q_i} + Q_i' \qquad (i = 1, 2, \cdots, f)} \tag{2.60}$$

となる．ただし，(2.60) の L は (2.51) や (2.54) で与えられる．

このように，保存力でない力がはたらく自由度 f の力学系を扱う場合は，保存力だけのラグランジュの運動方程式 (2.52) に一般力 Q_i' を加えるだけでよいことがわかる．

一般運動量の再定義 ［☞ (1.76)〜(1.78)］

自由度 f の力学系に対するラグランジュの運動方程式 (2.52) と (2.60) の左辺も，1.3.1 項で述べたのと同じ理由により，一般運動量の時間微分と見なすのが自然なので，**一般運動量**を

$$\boxed{p_i = \frac{\partial L}{\partial \dot{q}_i} \qquad (i = 1, 2, \cdots, f)} \tag{2.61}$$

で定義しよう．この一般運動量 (2.61) を使うと，ラグランジュの運動方程式 (2.52) と (2.60) は

$$\frac{dp_i}{dt} = \frac{\partial L}{\partial q_i}, \qquad \frac{dp_i}{dt} = \frac{\partial L}{\partial q_i} + Q_i' \tag{2.62}$$

となり，<u>一般運動量の時間微分は"力"である</u>ことを表現している．

［例題 2.1］ 極座標 (r, θ) での運動方程式

ポテンシャルエネルギー $U(r, \theta)$ の作用を受けて平面運動する質点がある．一般座標を $q_1 = r, q_2 = \theta$ とする．

（1） ラグランジアン L が

2. ラグランジュ形式の基礎

$$L = L(r, \theta, \dot{r}, \dot{\theta}) = \frac{1}{2} m\dot{r}^2 + \frac{1}{2} mr^2\dot{\theta}^2 - U(r, \theta) \quad (2.63)$$

となることを示しなさい．

（2）ラグランジュの運動方程式 (2.2)

$$\frac{d}{dt}\left(\frac{\partial L}{\partial \dot{r}}\right) = \frac{\partial L}{\partial r}, \quad \frac{d}{dt}\left(\frac{\partial L}{\partial \dot{\theta}}\right) = \frac{\partial L}{\partial \theta} \quad (2.64)$$

からニュートンの運動方程式は

$$m\ddot{r} - mr\dot{\theta}^2 = -\frac{\partial U}{\partial r}, \quad mr\ddot{\theta} + 2m\dot{r}\dot{\theta} = -\frac{1}{r}\frac{\partial U}{\partial \theta} \quad (2.65)$$

となることを示しなさい．

[解]（1）運動エネルギー T は

$$T = \frac{1}{2}m\boldsymbol{v}^2 = \frac{1}{2}m\boldsymbol{v}\cdot\boldsymbol{v} \quad (2.66)$$

である．質点の速度 $\boldsymbol{v}$ は (1.22) より，$\boldsymbol{v} = \dot{r}\boldsymbol{e}_r + r\dot{\theta}\boldsymbol{e}_\theta$ である．これを (2.66) に代入すると

$$T = \frac{m}{2}(\dot{r}\boldsymbol{e}_r + r\dot{\theta}\boldsymbol{e}_\theta)\cdot(\dot{r}\boldsymbol{e}_r + r\dot{\theta}\boldsymbol{e}_\theta) = \frac{m}{2}(\dot{r}^2 + r^2\dot{\theta}^2) \quad (2.67)$$

となる．ここで，単位ベクトル $\boldsymbol{e}_r$ と $\boldsymbol{e}_\theta$ の直交性 $\boldsymbol{e}_r\cdot\boldsymbol{e}_\theta = 0$ を用いた．したがって，この T から U を引けば (2.63) のラグランジアンになる．

（2）ラグランジアン (2.63) をラグランジュの運動方程式 (2.64) の1番目の式に代入すると

$$\frac{\partial L}{\partial \dot{r}} = \frac{\partial T}{\partial \dot{r}} = m\dot{r}, \quad \frac{d}{dt}\left(\frac{\partial L}{\partial \dot{r}}\right) = m\ddot{r}, \quad \frac{\partial L}{\partial r} = mr\dot{\theta}^2 - \frac{\partial U}{\partial r} \quad (2.68)$$

となるので，(2.65) の1番目の式を得る．ちなみに，$\partial T/\partial r = mr\dot{\theta}^2$ は見かけの力であることを強調しておこう（1.3.1項の「一般力と見かけの力」を参照）．同様に，(2.63) の L をラグランジュの運動方程式 (2.64) の2番目の式に代入すると

$$\frac{\partial L}{\partial \dot{\theta}} = mr^2\dot{\theta}, \quad \frac{d}{dt}\left(\frac{\partial L}{\partial \dot{\theta}}\right) = 2mr\dot{r}\dot{\theta} + mr^2\ddot{\theta}, \quad \frac{\partial L}{\partial \theta} = -\frac{\partial U}{\partial \theta} \quad (2.69)$$

となるので，(2.65) の2番目の式を得る．

2.2 ラグランジュの運動方程式

これらの結果は，$F_r = -\partial U/\partial r$, $rF_\theta = -\partial U/\partial \theta$ であることに注意（例題 [2.5] を参照）すれば，1.2.1 項で導いた (1.6) に完全に一致している． ¶

―[例題 2.2] バネ振り子――――――――――――――――――

図 2.3 のように，バネの一端を天井の点 O に固定し，他端におもりを付けてぶら下げ，1 つの鉛直面内だけで振動させるとき，これを**バネ振り子**という．おもりの質量を m，バネ定数を k，バネの自然長を l とする．なお，バネの重さは無視できるものとする．

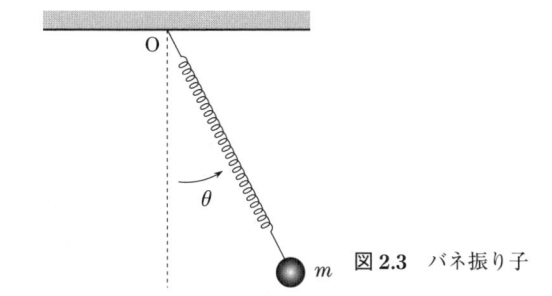

図 2.3 バネ振り子

（1）一般座標を $q_1 = r, q_2 = \theta$ とするとき，ラグランジアン L は

$$L = \frac{1}{2}m\dot{r}^2 + \frac{1}{2}mr^2\dot{\theta}^2 - \frac{1}{2}k(r-l)^2 + mgr\cos\theta \quad (2.70)$$

となることを示しなさい．

（2）ラグランジュの運動方程式 (2.2) からニュートンの運動方程式は

$$m\ddot{r} = -k(r-l) + mr\dot{\theta}^2 + mg\cos\theta \quad (2.71)$$

$$mr^2\ddot{\theta} + 2mr\dot{r}\dot{\theta} = -mgr\sin\theta \quad (2.72)$$

となることを示しなさい．

[解]（1）振り子の運動は例題 2.1 で考えた平面運動の問題と同じであるから，ラグランジアン (2.63) を使うことができる．この問題ではポテンシャルエネ

ギー $U(r,\theta)$ が

$$U(r,\theta) = \frac{1}{2}k(r-l)^2 - mgr\cos\theta \tag{2.73}$$

となるので，(2.70) を得る．

（2） ラグランジュの運動方程式は，例題 2.1 で求めた運動方程式 (2.65) である．そのため，運動方程式 (2.65) の 1 番目の式に (2.73) のポテンシャルエネルギー U を代入して計算すれば，(2.71) の運動方程式となる．同様に，運動方程式 (2.65) の 2 番目の式に (2.73) の U を代入して計算し整理すれば，(2.72) の運動方程式となる． ¶

ここでの計算を見ると，ラグランジアンが導ければ，ラグランジュの運動方程式の導出は機械的な計算である．これが解析力学の大きな利点である（演習問題 [4.3] を参照）．ここで示したラグランジュの運動方程式の導出法は，ニュートンの運動方程式を素朴になぞりながら行なったので，ラグランジュの運動方程式はニュートンの運動方程式を書き換えただけの話になっている．

ところで，解析力学の形成・発展の科学史的な観点から眺めると，ラグランジュの運動方程式の導き方にはいくつかの方法がある．それらの方法は，仮想仕事の原理，ダランベールの原理，最小作用の原理など，何種類かの原理に基づいている．本書では，2.5 節において，最も一般性のある「ハミルトンの原理」を用いて，ラグランジュの運動方程式をもう一度導出する．

この導出法を利用すると，ラグランジュの運動方程式はニュートンの運動方程式の単なる書き換えではないことがわかるだろう．

2.2.2 循環座標と保存則

いま，k 番目のラグランジュの運動方程式

$$\frac{d}{dt}\left(\frac{\partial L}{\partial \dot{q}_k}\right) = \frac{\partial L}{\partial q_k} \tag{2.74}$$

において，ラグランジアン L の中に q_k が含まれていないとする．このとき

2.2 ラグランジュの運動方程式

$$\frac{\partial L}{\partial q_k} = 0 \tag{2.75}$$

であるから，(2.74) より一般運動量 p_k は

$$p_k = \frac{\partial L}{\partial \dot{q}_k} = 一定 \tag{2.76}$$

となる．

このように L が q_k を含まず $\dot{q}_k$ だけを含む場合，この q_k に対応した運動量（これを共役な運動量という）p_k は定数になる．このような，特別な一般座標 q_k のことを**循環座標**（cyclic coordinate または ignorable variable）あるいは**循環変数**という．

循環座標をうまく見つけて，ラグランジアンをその循環座標で表現できれば，(2.76) のように，運動している間一定に保たれる量が得られる．このような量を**保存量**あるいは**運動の積分**という．循環座標を利用して保存量をつくれば，ラグランジュの運動方程式に現れる変数の数は保存量の数だけ減らせる．そのため，運動方程式を解く問題は循環座標以外の変数で書かれた問題に還元されるので，解法が楽になる．

[例題 2.3] 中心力

ポテンシャルエネルギー $U(r)$ による中心力を受けながら，平面運動している質点を考えよう．

（1） 一般座標を極座標 (r, θ) とするとき，ラグランジアン L は

$$L = \frac{1}{2} m\dot{r}^2 + \frac{1}{2} mr^2\dot{\theta}^2 - U(r) \tag{2.77}$$

であることを示し，そして，θ が循環座標であることを説明しなさい．

（2） 座標 θ に共役な一般運動量

$$p_\theta = mr^2\dot{\theta} \tag{2.78}$$

が保存されることを示しなさい．

（3） 一般運動量 $p_\theta = mr^2\dot{\theta}$ が角運動量であることを示しなさい．

[解] (1) 中心力だから, (2.63) のラグランジアン L の $U(r,\theta)$ を $U(r)$ に変えればよい. (2.77) のラグランジアン $L(r,\dot{r},\dot{\theta})$ には θ が含まれていないから, θ は循環座標である.

(2) $\partial L/\partial \theta = 0$ だから, ラグランジュの運動方程式 (2.74) で $q_k = \theta$ として, (2.77) を代入すると

$$\frac{d}{dt}\left(\frac{\partial L}{\partial \dot{\theta}}\right) = \frac{d}{dt}(mr^2\dot{\theta}) = 0 \tag{2.79}$$

となる. したがって, $mr^2\dot{\theta}$ は時間によらず一定で保存する.

(3) 力の中心を原点にして, そこから質点までの位置ベクトルを $\boldsymbol{r}$ とする. 質点の速度は $\boldsymbol{v} = \dot{r}\boldsymbol{e}_r + r\dot{\theta}\boldsymbol{e}_\theta$ であるから, 角運動量 $\boldsymbol{l} = \boldsymbol{r} \times m\boldsymbol{v}$ の大きさは

$$|\boldsymbol{l}| = |\boldsymbol{r} \times m\boldsymbol{v}| = |r\boldsymbol{e}_r \times mr\dot{\theta}\boldsymbol{e}_\theta| = mr^2\dot{\theta}|\boldsymbol{e}_r \times \boldsymbol{e}_\theta|$$
$$= mr^2\dot{\theta} \tag{2.80}$$

である. ここで, $|\boldsymbol{e}_r \times \boldsymbol{e}_\theta| = |\boldsymbol{e}_r||\boldsymbol{e}_\theta|\sin 90° = \sin 90° = 1$ を使った. ¶

2.3 一般力

ラグランジュの運動方程式 (2.2) を導くときに, 一般運動量とともに一般力が定義された. ここでは, この一般力の性質についてもう少し考えてみよう.

2.3.1 一般力と仕事

力学で学ぶように, 物体に力を加えて動かすと, その力は物体に仕事をする. もっと具体的に言えば, 物体を一定の力 $\boldsymbol{F}$ で距離 $\boldsymbol{r}$ だけ動かすと, この力が物体にする仕事 W は $\boldsymbol{F}$ と $\boldsymbol{r}$ の**スカラー積**(内積ともいう)

$$W = Fr\cos\theta = \boldsymbol{F}\cdot\boldsymbol{r} \tag{2.81}$$

で定義される. ここで, θ は $\boldsymbol{F}$ と $\boldsymbol{r}$ の成す角度である.

(2.81) から, 力 $\boldsymbol{F}$ が微小変位 $d\boldsymbol{r}$ の間に行なう微小な仕事 dW は

$$dW = \boldsymbol{F}\cdot d\boldsymbol{r} \tag{2.82}$$

となる. そこで, この微小仕事を一般座標で書き換えることを考えてみよう.

2.3 一般力

自由度1の系

力を F, 微小変位を dx とすれば, (2.82) は
$$dW = F\,dx \tag{2.83}$$
となる. 一般座標 q と x の間には $x = x(q)$ の関係があるから
$$dx = \frac{\partial x}{\partial q}\,dq \tag{2.84}$$
である. これを使うと, (2.83) は
$$\boxed{dW = F\frac{\partial x}{\partial q}\,dq = Q\,dq} \tag{2.85}$$
となる. ここで, Q は
$$Q = F\frac{\partial x}{\partial q} \tag{2.86}$$
であるから, (1.56) で定義した一般力と同じものである. これを仕事の定義 ((仕事)=(力)×(変位)) と比べると, <u>一般力とは仕事の変位を一般座標にとったときの力である</u>ことがわかる.

自由度2の系

力 $\boldsymbol{F} = (F_x, F_y) = (F_1, F_2)$ が微小変位 $d\boldsymbol{r} = (dx, dy) = (dx_1, dx_2)$ の間に行なう仕事 dW は
$$\begin{aligned}dW &= F_x\,dx + F_y\,dy = F_1\,dx_1 + F_2\,dx_2 \\ &= \sum_{i=1}^{2} F_i\,dx_i\end{aligned} \tag{2.87}$$
である. この仕事も一般力
$$\left.\begin{aligned}Q_1 &= F_1\frac{\partial x_1}{\partial q_1} + F_2\frac{\partial x_2}{\partial q_1} = \sum_{j=1}^{2} F_j\frac{\partial x_j}{\partial q_1} \\ Q_2 &= F_1\frac{\partial x_1}{\partial q_2} + F_2\frac{\partial x_2}{\partial q_2} = \sum_{j=1}^{2} F_j\frac{\partial x_j}{\partial q_2}\end{aligned}\right\} \tag{2.88}$$
を使って

$$dW = Q_1\, dq_1 + Q_2\, dq_2 = \sum_{i=1}^{2} Q_i\, dq_i \tag{2.89}$$

のように表される（[例題 2.4] を参照）．

自由度 f の系

自由度 f の系の一般力は，(2.88) の添字 j を単純に $1, 2, \cdots, f$ まで拡張すればよい．つまり，自由度 f の一般力 Q_i は

$$Q_i = \sum_{j=1}^{f} F_j \frac{\partial x_j}{\partial q_i} \qquad (i = 1, 2, \cdots, f) \tag{2.90}$$

と定義される．これは，2.2 節で定義した (2.44) と同じであるが，そこでは一般力の物理的な解釈は不明瞭であった．しかし，この節で説明した仕事との関係によって，一般力の物理的な意味が理解できたと思う．

[例題 2.4]

一般力と一般座標による仕事を表す (2.89) を導きなさい．

[解] $(x, y) = (x_1, x_2)$ は q_1, q_2 の関数であるから，微小変位 $(dx, dy) = (dx_1, dx_2)$ は

$$dx_1 = \frac{\partial x_1}{\partial q_1} dq_1 + \frac{\partial x_1}{\partial q_2} dq_2, \qquad dx_2 = \frac{\partial x_2}{\partial q_1} dq_1 + \frac{\partial x_2}{\partial q_2} dq_2 \tag{2.91}$$

と書ける（1.3.2 項の「全微分とハミルトニアン」を参照）．(2.87) の右辺の dx_1 と dx_2 に (2.91) を代入して計算すると

$$\begin{aligned}
dW &= F_1 \left(\frac{\partial x_1}{\partial q_1} dq_1 + \frac{\partial x_1}{\partial q_2} dq_2 \right) + F_2 \left(\frac{\partial x_2}{\partial q_1} dq_1 + \frac{\partial x_2}{\partial q_2} dq_2 \right) \\
&= \left(F_1 \frac{\partial x_1}{\partial q_1} + F_2 \frac{\partial x_2}{\partial q_1} \right) dq_1 + \left(F_1 \frac{\partial x_1}{\partial q_2} + F_2 \frac{\partial x_2}{\partial q_2} \right) dq_2 \\
&= \left(\sum_{j=1}^{2} F_j \frac{\partial x_j}{\partial q_1} \right) dq_1 + \left(\sum_{j=1}^{2} F_j \frac{\partial x_j}{\partial q_2} \right) dq_2 \\
&= Q_1\, dq_1 + Q_2\, dq_2
\end{aligned} \tag{2.92}$$

のように (2.89) となる． ¶

[例題 2.5] ポテンシャルエネルギー $U(r, \theta)$ に対する一般力

平面上を運動する質点に力 $\boldsymbol{F}$ がはたらいている．この力 $\boldsymbol{F}$ の成分をデカルト座標では (F_x, F_y)，極座標では (F_r, F_θ) とする（(1.13) と (1.27)

を参照).また,座標は $x_1 = x$, $x_2 = y$, $q_1 = r$, $q_2 = \theta$ のようにとる.これらの間には $x = r\cos\theta$, $y = r\sin\theta$ が成り立つ.

(1) (F_x, F_y) と (F_r, F_θ) の間には

$$F_r = F_x \cos\theta + F_y \sin\theta, \qquad F_\theta = -F_x \sin\theta + F_y \cos\theta \tag{2.93}$$

という関係式が成り立つことを示しなさい.

(2) 一般力の定義式 (2.90) から

$$Q_r = F_x \cos\theta + F_y \sin\theta, \qquad Q_\theta = -rF_x \sin\theta + rF_y \cos\theta \tag{2.94}$$

であることを示しなさい.

(3) いま,力 $\boldsymbol{F}$ がポテンシャルエネルギー U から導かれる保存力であれば,一般力は (2.49) より

$$Q_i = -\frac{\partial U}{\partial q_i} \tag{2.95}$$

が成り立つ.このとき

$$F_r = -\frac{\partial U}{\partial r}, \qquad F_\theta = -\frac{1}{r}\frac{\partial U}{\partial \theta} \tag{2.96}$$

であることを示しなさい.

[解] (1) 図 2.4 のように,x, y 軸を θ だけ反時計回りに回転させた軸を x', y' 軸とする.ベクトル $\boldsymbol{F}$ の x 軸への正射影が F_x, y 軸への正射影が F_y である.また,ベクトル $\boldsymbol{F}$ の x' 軸への正射影が $F_{x'}$, y' 軸への正射影が $F_{y'}$ である.<u>x' 軸が r 方向,y' 軸が θ 方向だから,$F_{x'} = F_r$, $F_{y'} = F_\theta$</u> であることに注意すれば,(2.93) の関係が導ける.

なお,(2.93) は,例えば,$\theta = 0$ のとき $F_r = F_x$, $F_\theta = F_y$, $\theta = \pi/2$ のとき $F_r = F_y$, $F_\theta = -F_x$ となるが,これらの結果の正しさは図からも明らかである.このように具体的な角度を入れてみれば,(2.93) の正しさが簡単に確認できることを覚えておこう.

図 2.4

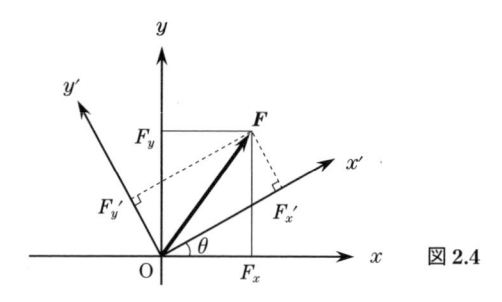

(2) (2.90) を $i = 1$ の場合に書き下すと

$$Q_1 = Q_r = F_1 \frac{\partial x_1}{\partial q_1} + F_2 \frac{\partial x_2}{\partial q_1}$$
$$= F_x \frac{\partial x}{\partial r} + F_y \frac{\partial y}{\partial r} = F_x \cos\theta + F_y \sin\theta \qquad (2.97)$$

であるから，(2.94) の Q_r を得る．同様に Q_2 を計算すると，(2.94) の Q_θ を得る．

(3) (2.93) と (2.94) を比べると $F_r = Q_r$, $F_\theta = Q_\theta/r$ であることがわかる．定義より $Q_r = -\partial U/\partial r$, $Q_\theta = -\partial U/\partial \theta$ であるから (2.96) が成り立つ．

なお，力 $\boldsymbol{F}$ が中心力の場合は r 方向のみの力だから，その大きさを $F(r)$ とすると，力の成分は $F_x = F(r)\cos\theta$ と $F_y = F(r)\sin\theta$ になる．これらを (2.94) に代入すると，一般力は $Q_r = F(r)$, $Q_\theta = 0$ となる．もちろん，ポテンシャルエネルギーが $U = U(r)$ であることに注意すれば，(2.96) から $Q_\theta = 0$ であることはすぐにわかる． ¶

一般力の次元

一般力 Q の次元は一般座標 q の次元に依存する ($Q = F\,\partial x/\partial q$)．一般座標が x や r のように長さの次元 L をもつ場合は，$[\partial x/\partial r] = $ L/L $= 1$ のため，一般力 Q は力 F と同じ次元である．

しかし，一般座標が角度 θ のような無次元量になると，$[\partial x/\partial \theta] = $ L/1 のために，一般力 Q の次元は力 F の次元と長さの次元 L の積になる．これは力のモーメント（トルク）に対応する量である．つまり，<u>一般座標を角度 θ に選べば，一般力 Q_θ は力のモーメントを表す</u>．このように，一般力 Q とは力 F や力のモーメント Q_θ を包含した一般的な力のことである．

2.3.2 減衰力と散逸関数

力 F は保存力 F_c とそれ以外の力 F' に分けることができる．F_c はポテンシャルエネルギー U から導かれる力である．一方，F' には，F_c に取り込めない外力や内力，バネによる減衰力，摩擦力などの力が含まれている．そして，これらの力 F' が保存力でない力に対応する一般力 Q' をつくっている．

F' に含まれる減衰力や摩擦力は，物体の運動を妨げようとする力で，運動している物体の運動エネルギーや振動している物体のエネルギーを外界に散逸させるはたらきがある．

ここでは，そのような力の1つである**粘性減衰力**という減衰力を考えよう．粘性減衰力とは，物体の速度に比例し，力の方向が速度に逆向きであるような減衰力のことである．

自由度1の場合

最も簡単な自由度1の1次元運動で考えると，x 方向に動く質点にはたらく速度 $\dot{x}$ に比例した減衰力 F' は

$$F' = -c\dot{x} \tag{2.98}$$

のように表せる $(c > 0)$．

この粘性減衰力による一般力 Q' は (2.86) から

$$Q'_x = F'\frac{\partial x}{\partial q} = -c\dot{x}\frac{\partial x}{\partial q} \tag{2.99}$$

である．この右辺に (1.46) の関係式 $\partial x/\partial q = \partial \dot{x}/\partial \dot{q}$ を使うと，(2.99) は

$$Q'_x = -c\dot{x}\frac{\partial \dot{x}}{\partial \dot{q}} \tag{2.100}$$

となる．ここで，$\dot{x}^2$ を $\dot{q}$ で微分すると

$$\frac{\partial \dot{x}^2}{\partial \dot{q}} = \frac{\partial \dot{x}}{\partial \dot{q}}\frac{d\dot{x}^2}{d\dot{x}} = \frac{\partial \dot{x}}{\partial \dot{q}}(2\dot{x}) = 2\dot{x}\frac{\partial \dot{x}}{\partial \dot{q}} \tag{2.101}$$

となるから，(2.100) は

$$Q'_x = -\frac{c}{2}\frac{\partial \dot{x}^2}{\partial \dot{q}} = -\frac{\partial}{\partial \dot{q}}\left(\frac{c\dot{x}^2}{2}\right) \tag{2.102}$$

のように表すことができる.そこで,**散逸関数**とよばれる関数 D を

$$\boxed{D = \frac{1}{2}c\dot{x}^2} \tag{2.103}$$

で定義すると,(2.102) は

$$\boxed{Q'_x = -\frac{\partial D}{\partial \dot{q}}} \tag{2.104}$$

となる.したがって,(2.104) の Q'_x だけが存在すれば,この場合のラグランジュの運動方程式は (1.75) から

$$\frac{d}{dt}\left(\frac{\partial L}{\partial \dot{q}}\right) = \frac{\partial L}{\partial q} - \frac{\partial D}{\partial \dot{q}} \tag{2.105}$$

となる.

もし,粘性減衰力の他に抵抗力や外力なども物体にはたらいていれば,これらの力による一般力 Q' を (2.105) に加えた

$$\frac{d}{dt}\left(\frac{\partial L}{\partial \dot{q}}\right) = \frac{\partial L}{\partial q} - \frac{\partial D}{\partial \dot{q}} + Q' \tag{2.106}$$

がラグランジュの運動方程式になる.

自由度 f の場合

自由度 1 で示した筋道は,自由度を 2 以上に増やしても,次のように自由度の添字 j を付けるだけで基本的には全く同じである.

(2.98) に対応する減衰力 F' は

$$F'_j = -c_j \dot{x}_j \quad (c_j > 0,\ j = 1, 2, \cdots, f) \tag{2.107}$$

で表される.そして,(2.99) から (2.102) までと同様の計算を行なうと

$$Q'_i = \sum_{j=1}^{f} F'_j \frac{\partial x_j}{\partial q_i} = -\sum_{j=1}^{f} c_j \dot{x}_j \frac{\partial x_j}{\partial q_i} = -\sum_{j=1}^{f} c_j \dot{x}_j \frac{\partial \dot{x}_j}{\partial \dot{q}_i} = -\sum_{j=1}^{f} \frac{\partial}{\partial \dot{q}_i}\left(\frac{c_j \dot{x}_j^2}{2}\right) \tag{2.108}$$

が得られる．したがって，散逸関数 D を

$$\boxed{D = \sum_{j=1}^{f} \frac{1}{2} c_j \dot{x}_j^2} \tag{2.109}$$

で定義すると，(2.108) は

$$\boxed{Q_i' = -\frac{\partial D}{\partial \dot{q}_i} \quad (i = 1, 2, \cdots, f)} \tag{2.110}$$

となる．(2.110) の減衰力だけが存在すれば，ラグランジュの運動方程式は (2.3) から

$$\frac{d}{dt}\left(\frac{\partial L}{\partial \dot{q}_i}\right) = \frac{\partial L}{\partial q_i} - \frac{\partial D}{\partial \dot{q}_i} \quad (i = 1, 2, \cdots, f) \tag{2.111}$$

となる．また，(2.110) の他にも一般力 Q_i' が存在すれば

$$\frac{d}{dt}\left(\frac{\partial L}{\partial \dot{q}_i}\right) = \frac{\partial L}{\partial q_i} - \frac{\partial D}{\partial \dot{q}_i} + Q_i' \quad (i = 1, 2, \cdots, f) \tag{2.112}$$

がラグランジュの運動方程式になる（これが (2.4) である）．なお，粘性抵抗力を散逸関数を使わずにラグランジアンで記述することも可能である（演習問題 [2.3] を参照）．

2.4 変分法

ラグランジュの運動方程式は，2.2 節でニュートンの運動方程式を素朴に変形しながら導かれた．そのため，この運動方程式はニュートンの運動方程式の単なる別表現である，というような印象を与えたかもしれない．しかし，ラグランジュの運動方程式の真価は，ニュートン力学を遙かに超えた（電磁気学，統計力学，場の理論などの）諸分野・領域において活躍するところにある．

そこで，ラグランジュの運動方程式をもっと一般的な観点から導き，その

意味を理解しておくことは大切である．一般的な観点とは，2.5節で述べるハミルトンの原理のことで，この原理を理解するために必要な数学の準備として，この節では**変分法**（calculus of variation, variational method）について述べる．

2.4.1 停留値問題

ある量の停留値を求める問題を**停留値問題**という．**停留値**（stationary value）とは関数の傾き（微分係数）がゼロになる点の値で，それらには図2.5に示すような最小値，最大値，極値（極大値と極小値の総称），変曲点などが含まれる．そのため，停留値問題を**極値問題**とよぶこともある．

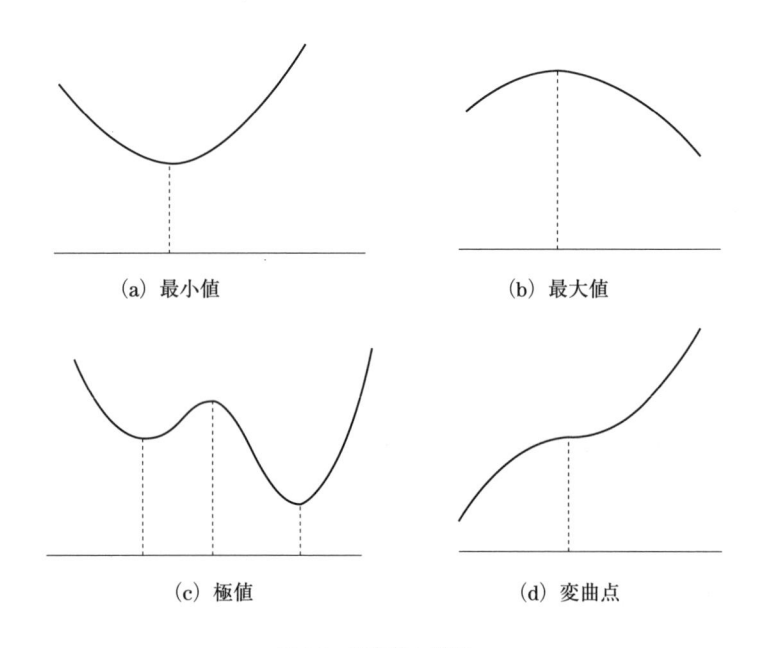

(a) 最小値

(b) 最大値

(c) 極値

(d) 変曲点

図 2.5　停留値の種類

1 変数の関数 $f(x)$ の場合

1変数の関数 $y = f(x)$ の停留値問題は，$f'(x) = 0$ となる特別な値 x（ここ

2.4 変分法

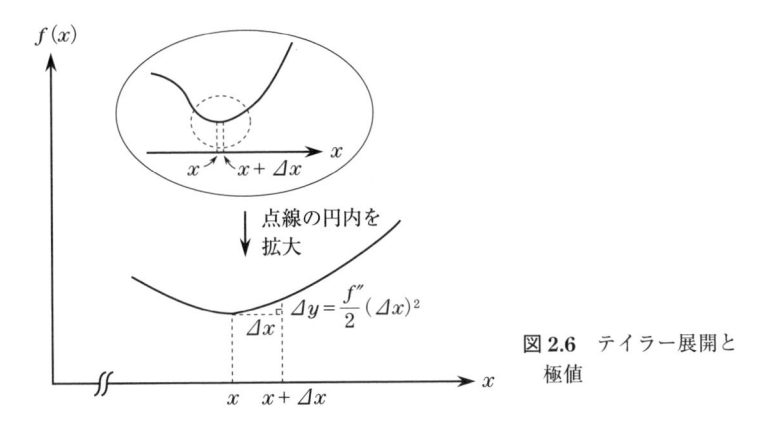

図 2.6 テイラー展開と極値

では x_0 とする）を求める問題である．言い換えれば，ある値 x での関数の値 $f(x)$ と，x から Δx だけ離れた $x + \Delta x$ での関数の値 $f(x + \Delta x)$ の差 Δy を考え，$\Delta y = 0$ となる点を求める問題である．いま，Δx の 2 次以上の項が無視できるほど Δx が微小な場合，Δy はテイラー展開を使って

$$\Delta y = f(x + \Delta x) - f(x) = f'(x)\Delta x + f''(x)\frac{(\Delta x)^2}{2} + \cdots \fallingdotseq f'(x)\Delta x \tag{2.113}$$

のように与えられる（図 2.6 を参照）．

(2.113) から，$\Delta y = 0$ のとき $\Delta x \neq 0$ であれば，$f'(x) = 0$ でなければならない．この $f'(x) = 0$ から停留点 x_0 が求まる．つまり，停留点では関数の傾きがゼロ（$f'(x_0) = 0$）になるから，停留点の無限小の近傍ではどこも同じ高さ（$\Delta y = 0$）になるのである．

このように，停留値は関数の変化率をゼロにする点の値だから，図 2.5 に示すような曲線の停留点の位置はすべて (2.113) の $\Delta y = 0$（つまり $f'(x) = 0$）から決まる．ただし，テイラー展開 (2.113) は 2 次の項を無視しているので，停留値の種類（曲線の形）までは決まらない．しかし，ここで重要なことは，停留点が最大値であっても最小値であっても，<u>停留点の無限</u>

小の近傍では，高さの変化率はどの方向でもゼロでなければならないということである．

2変数の関数 $f(x, y)$ の場合

2変数の関数 $z = f(x, y)$ の極値問題も，偏導関数 $\partial f/\partial x, \partial f/\partial y$ がともにゼロになる特別な値 x, y（ここでは x_0, y_0 とする）を求める問題である．この問題も1変数の場合と同じように，ある値 x, y での関数の値 $f(x, y)$ と $\Delta x, \Delta y$ だけ離れた $x + \Delta x, y + \Delta y$ での関数の値 $f(x + \Delta x, y + \Delta y)$ との差 Δz を考え，$\Delta z = 0$ となる点を求める問題である．

いま $\Delta x, \Delta y$ の2次以上の項が無視できるほど $\Delta x, \Delta y$ が微小な場合，Δz はテイラー展開を使って

$$\Delta z = f(x + \Delta x, y + \Delta y) - f(x, y)$$
$$= \frac{\partial f}{\partial x} \Delta x + \frac{\partial f}{\partial y} \Delta y + \{(\Delta x, \Delta y) \text{ の 2 次以上}\} \fallingdotseq \frac{\partial f}{\partial x} \Delta x + \frac{\partial f}{\partial y} \Delta y$$

(2.114)

で与えられる．

(2.114)から，$\Delta z = 0$ のとき $\Delta x \neq 0, \Delta y \neq 0$ であれば，$\partial f/\partial x = 0, \partial f/\partial y = 0$ でなければならない．これらの式から停留点 x_0, y_0 が求まる．この場合も，停留点の無限小の近傍ではどこも同じ高さ ($\Delta z = 0$) になり，高さの変化率はどの方向もゼロである．

2.4.2　仮想変位とオイラー方程式

汎 関 数

汎関数とは，簡単に言えば，関数や曲線などを変数とする関数のことである．この汎関数は変分法において最も基本的な量なので，まずこれについて述べよう．

いま x を独立変数として，y を x の関数（つまり $y = y(x)$），y' を x の微分による導関数（つまり $y' = dy/dx$）とする．そして，x, y, y' を変数にもった

関数 $f(x, y, y')$ に対して，この関数 f を x のある区間 $[a, b]$ で

$$\boxed{I = \int_a^b f(x, y, y')\,dx} \tag{2.115}$$

のように積分した量を考えよう．この定積分 I は，具体的な関数 $y(x)$ を与えると決まった値になる．しかし，関数 $y(x)$ の形を変えると I の値も変わる．

このように，y の関数形によって I が異なる値をとるとき，I は関数 y の**汎関数**であるという．そして，I が汎関数であることを明示するために $I[y]$ と書くこともある（ここでカッコを（ ）とせずに [ ] としたことで違いを表していることに注意）．

汎関数と関数の違いを要約すると，x の値（数値）によって y が異なった値（数値）をとるのが関数 $y(x)$ であり，y の関数形によって I が異なる値（数値）をとるのが汎関数 $I[y]$ である．つまり，ふつうの関数は"数の関数"であるが，汎関数は"関数の関数"である．

変分と仮想変位

次に，「汎関数 (2.115) の値 I に停留値をもたせるような $y(x)$ はどのような関数であるか」という問題を考えよう．つまり，積分区間の両端 a, b で y の値を固定して，その間の x に対して $y(x)$ の値をいろいろと変えながら，I が停留値をもつ y を探す問題である（これを**変分問題**という）．

そこで，いま $I[y]$ に停留値をとらせる特別な関数を $y(x)$ とすれば，y や $y' = dy/dx$ を少し変化させても I は変化しないはずである．これを数学的に表現しよう．図 2.7 のように，この関数 $y(x)$ に微小な変位 $\delta y(x)$ を加えた関数

$$\left.\begin{array}{l} \bar{y}(x) = y(x) + \delta y(x) \\ \bar{y}'(x) = y'(x) + \delta y'(x) \end{array}\right\} \tag{2.116}$$

を考える．ただし，$\delta y'(x)$ は

図2.7 仮想変位

$$\delta y'(x) = \frac{d}{dx}\delta y(x) = \frac{d\delta y(x)}{dx} \quad \text{あるいは} \quad \delta y' = \frac{d}{dx}\delta y = \frac{d\delta y}{dx}$$
(2.117)

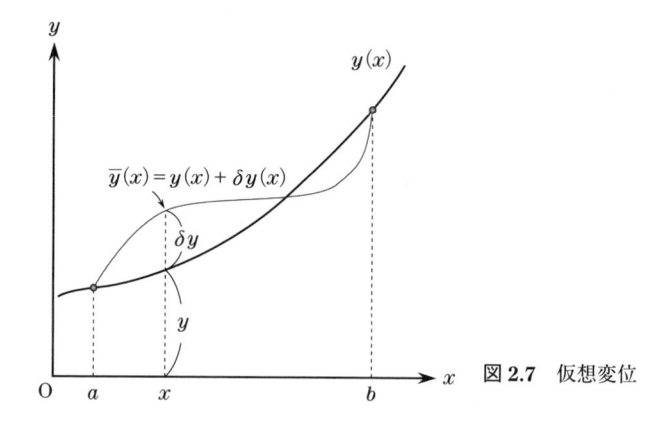

を意味する．なお，右側の記法は変数 x を省略して簡潔にしたものであるが，便利なので，この記法も適宜用いることにする．(2.116)で導入した微小変位 $\delta y(x)$ は**変分**という量で，変分問題を解く上で重要な役割をする．また，この変分はすぐ後に述べる理由により**仮想変位**ともよばれる量である．

さて，(2.116)の $y(x)$ が $I[y]$ の停留値を与える特別な関数であれば，その条件は2.4.1項で述べたように，微小な変分 δy に対して，定積分 $I[\bar{y}]$ と $I[y]$ の差（これも変分という）

$$\delta I = I[\bar{y}] - I[y]$$
$$= \int_a^b f(x, y+\delta y, y'+\delta y')\,dx - \int_a^b f(x,y,y')\,dx \quad (2.118)$$

がゼロになることである．つまり，δy の2次以上を無視した変分 δy に対して，I は変化しない ($\delta I = 0$)．なお，(2.113)の $\Delta y = f(x+\Delta x) - f(x)$ をこの変分 δI と比べると，停留値について次のように表現できることがわかる．$\Delta y = 0$ の停留値は，変数 x を微小な定数 Δx だけずらしたときに，$f(x)$ が変化しない値のことである．一方，$\delta I = 0$ の停留値は，関数 y や y' を微小

な関数 δy や $\delta y'$ だけずらしたときに, $I[y]$ が変化しない関数のことである.

仮想変位の意味

変分 δI の停留値を計算する前に, 変化量 δy の解釈に注意を与えておきたい. 一般に, ある関数 $y(x)$ が微小区間 dx で変化する量 dy を考えたいことがある. そのとき, 図2.8のように, この変化量 dy は異なる x における関数 y の値の差

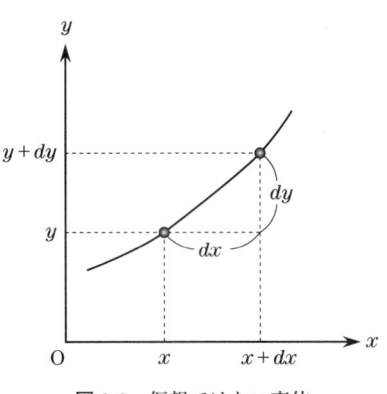

図 2.8 仮想ではない変位

$$dy = y(x + dx) - y(x) \tag{2.119}$$

で定義される量である. つまり, この dy は関数 $y(x)$ が"実際の微小変位"(actual displacement) dx によって生じた関数 $y(x + dx)$ の値との差を表している.

一方, (2.116) で考えている変化量 $\delta y(x)$ は同一の x における関数 $y(x)$ と関数 $\bar{y}(x)$ との差である. しかし, この $y(x)$ は I の停留値を与える特定の関数であるから, $y(x)$ からずれた関数は現実には存在しないはずである. それにもかかわらず, $\delta y(x)$ だけずれた関数を考えるということは, 単に $\delta y(x)$ という変位量を想像しているだけである. つまり, この $\delta y(x)$ は思考実験的に考えたもので現実には起きない変位である. そのために, この変位のことを**仮想変位** (virtual displacement) という (これを**変分**ともいう).

無限小の変化という意味では, 記号 δ は微積分学の記号 d と似ているが, d の方は実際に起こる変化を表し, δ の方はあくまでも仮想上の変化を表す. この違いを強調するために, 特別な記号 δ をラグランジュが導入した.

このため, 仮想変位を δy で表し, 実際に起こる変位の方を dy で表して, 両者を明瞭に区別する慣習が生まれた. 定積分の変分を調べる問題 (変分問

題)では,これら2種類の記号(dとδ)を同時に扱うので,両者の区別は重要である.

変 分 法

変分法とは,汎関数に関する微分法のことで,特に,汎関数の極大極小問題(変分問題)の解法として用いられる(なお,停留値問題を扱う数学のことを**変分学**という).

汎関数 $I[y]$ の変分 δI の停留値 $(\delta I = 0)$ を求めるために,まず,(2.118) の被積分関数をテイラー展開すると,(2.114) より

$$f(x, y + \delta y, y' + \delta y') - f(x, y, y') = \frac{\partial f}{\partial y}\delta y + \frac{\partial f}{\partial y'}\delta y' \quad (2.120)$$

となる.これに (2.117) の記法を使うと,(2.118) の δI は

$$\delta I = \int_a^b \frac{\partial f}{\partial y}\delta y\, dx + \int_a^b \frac{\partial f}{\partial y'}\left(\frac{d}{dx}\delta y\right)dx \quad (2.121)$$

となる.最終的に (2.121) の右辺すべてが (2.125) のように $\delta y\, dx$ でくくられる形にしたいので,(2.121) の右辺2項目の被積分関数を

$$\frac{\partial f}{\partial y'}\left(\frac{d}{dx}\delta y\right) = \frac{d}{dx}\left(\frac{\partial f}{\partial y'}\delta y\right) - \left\{\frac{d}{dx}\left(\frac{\partial f}{\partial y'}\right)\right\}\delta y \quad (2.122)$$

のように書き換えて,部分積分を行なう.その結果,2項目の積分は

$$\int_a^b \frac{\partial f}{\partial y'}\left(\frac{d}{dx}\delta y\right)dx = \left[\frac{\partial f}{\partial y'}\delta y(x)\right]_a^b - \int_a^b \left\{\frac{d}{dx}\left(\frac{\partial f}{\partial y'}\right)\right\}\delta y(x)\, dx \quad (2.123)$$

となるので,(2.121) は

$$\delta I = \left[\frac{\partial f}{\partial y'}\delta y(x)\right]_a^b + \int_a^b \left\{\frac{\partial f}{\partial y} - \frac{d}{dx}\left(\frac{\partial f}{\partial y'}\right)\right\}\delta y(x)\, dx \quad (2.124)$$

となる.ここで $\delta y(a) = \delta y(b) = 0$ の条件を使うと,(2.124) の右辺1項目はゼロとなる.したがって,(2.124) は

2.5 ハミルトンの原理と運動方程式

$$\delta I = \int_a^b \left\{ \frac{\partial f}{\partial y} - \frac{d}{dx}\left(\frac{\partial f}{\partial y'}\right) \right\} \delta y(x)\, dx \qquad (2.125)$$

となる．定積分 I が停留値をとるのは $\delta I = 0$ のときだから，これが成り立つのは，(2.125) の被積分関数が任意の微小量 $\delta y(x)$ に対して恒等的にゼロになるときである．つまり，

$$\frac{d}{dx}\left(\frac{\partial f}{\partial y'}\right) = \frac{\partial f}{\partial y} \qquad (2.126)$$

という f に関する微分方程式が成り立つときである．

この結果は，与えられた変分の問題が (2.126) の微分方程式を解く問題と等価であることを語っている．この (2.126) を変分法の問題に対する**オイラー－ラグランジュ方程式**または単に**オイラー方程式**という．

2.5 ハミルトンの原理と運動方程式

2.4 節のオイラー方程式 (2.126) の変数 x, y, y' や関数 f を

$$f \to L, \quad x \to t, \quad y(x) \to q(t), \quad y'(x) \to \dot{q}(t) \qquad (2.127)$$

のようにおき換えると，(2.126) はラグランジュの運動方程式 (1.66) になる．このことから，ラグランジュの運動方程式は変分法と関係していることが予想できる．実際，この予想は正しくて，ラグランジアン L から定義される量（作用積分）の変分の役割を規定するのがハミルトンの原理である．

仮想変位と運動方程式

ハミルトンの原理を解説するために，物体の 1 次元運動を例にとろう．この物体の運動の様子は，横軸を t，縦軸を q とする qt 平面上の線で表すことができる．

いま，qt 平面上に 2 点 $A(t_A, q_A)$, $B(t_B, q_B)$ をとり，この 2 点を結ぶ様々な線を考える．例えば，図 2.9 の直線 C_1 は一定の速度の運動を表し，曲線 C_2 は

最初ゆっくりで、だんだん加速する運動を表す。しかし、図 2.9 の線のすべてが実際に起こる運動を表しているわけではない。実際に起こるのは、ニュートンの運動方程式に従う軌道である。言い換えれば、実際に起こらない運動は仮想的な運動だから、これらに対応する軌道はすべて仮想変位である。

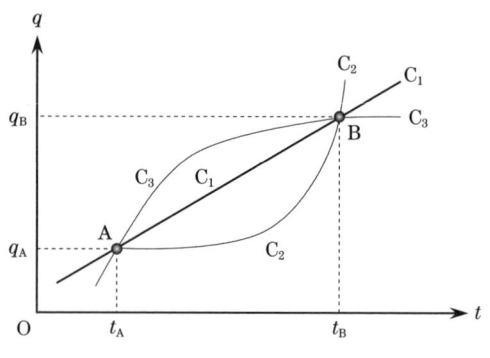

図 2.9　2 点 A, B を通る qt 平面上の複数の軌道

　例えば、点 A の場所から上空に投げ上げたボールが、9 秒後に少し上の点 B の場所に落下するとしよう。9 秒後に落ちてくるような初速は 1 つしかないから、可能な運動は 1 つだけである。つまり、様々な曲線の中で実際の運動を表しているものは 1 つしかない。そのたった 1 つの曲線はどのような曲線なのか、それを決めるのがハミルトンの原理である。

ハミルトンの原理

　運動の様子を表す曲線 C は、時刻 t の関数 $q(t)$ で表される。$q(t)$ がわかれば、各時刻のラグランジアン $L = L(q, \dot{q}, t)$ がわかる。時刻 t_0 から t_1 までのラグランジアンの定積分

$$I = I[\mathrm{C}] = \int_{t_0}^{t_1} L(q, \dot{q}, t)\, dt \tag{2.128}$$

を**作用積分**（action integral）または**作用**（action）という。作用積分は、曲線を 1 つ決めれば 1 つ決まる。曲線 C_1 の作用積分 $I[C_1]$、曲線 C_2 の作用積分 $I[C_2]$、… の中で作用積分に停留値をとらせる曲線が実際の運動を表す、というのが**ハミルトンの原理**（または、**ハミルトンの変分原理**）である。

　つまり、実現する運動（ニュートンの運動方程式に従う運動）は、時刻の両端（t_0 と t_1）を固定したとき、作用積分 I が停留値をとる（つまり、作用積

2.5 ハミルトンの原理と運動方程式

分 I の変分 δI がゼロ（$\delta I = 0$）になる）ときである，ということをハミルトンの原理は主張している．

もちろん停留値には，図 2.5 のように，いくつもの種類があるので，ハミルトンの原理だけではその種類を決めることはできない．しかし，実現する運動が安定していれば（つまり，物理変数の変化に対してゆっくりした応答を示す運動であれば），極小値や最小値に沿った運動になっていることが予想できる．このため，解析力学では作用積分が停留値をとるだけで十分と考える．このような観点から，ハミルトンの原理を**最小作用の原理**とよぶこともある．

ラグランジュの運動方程式の導出

ハミルトンの原理に基づいて，ラグランジュの運動方程式を導こう．まず，経路 C が作用積分 I に停留値を与える経路であるとする．つまり，関数 $q = q(t)$ によって描かれる経路が C である．

次に，経路 C を仮想的に少し変化させた経路 $\bar{\text{C}}$（実際に物体が通る経路ではない）を考えて，$\bar{q} = q(t) + \delta q(t)$ とする（図 2.10 を参照）．要するに，2 つの経路

$$q = q(t) \qquad \text{経路 C（実際に運動が起こる経路）}$$
$$\bar{q} = q(t) + \delta q(t) \qquad \text{経路 }\bar{\text{C}}\text{（実際には運動が起きない経路）}$$

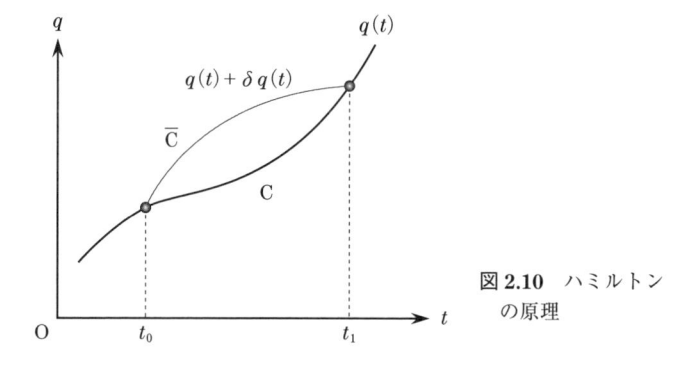

(2.129)

図 2.10 ハミルトンの原理

を考える.ここで,$\delta q(t)$ は仮想変位で,時刻 t で実際の軌道 $q(t)$ からの仮想的な変位を表している.

2つの経路 C と $\bar{\mathrm{C}}$ は,$t = t_0$ と $t = t_1$ で一致するので

$$\delta q(t_0) = 0, \qquad \delta q(t_1) = 0 \tag{2.130}$$

である(なお,このように経路(軌道)が交差することは,**解の一意性**に反するので,この観点からも,仮想変位というものが実際に起きない経路であることがわかるだろう).2つの経路における作用積分の値の差

$$\delta I = \int_{t_0}^{t_1} L(t, q + \delta q, \dot{q} + \delta \dot{q}) \, dt - \int_{t_0}^{t_1} L(t, q, \dot{q}) \, dt \tag{2.131}$$

は,(2.127) のおき換えで (2.118) の変分と同じものになるので,(2.124) に対応する式は

$$\delta I = \left[\frac{\partial L}{\partial \dot{q}} \delta q(t) \right]_{t_0}^{t_1} + \int_{t_0}^{t_1} \left\{ \frac{\partial L}{\partial q} - \frac{d}{dt} \left(\frac{\partial L}{\partial \dot{q}} \right) \right\} \delta q(t) \, dt \tag{2.132}$$

である.(2.132) の右辺1項目(境界項という)は

$$\left[\frac{\partial L}{\partial \dot{q}} \delta q(t) \right]_{t_0}^{t_1} = \frac{\partial L}{\partial \dot{q}} \delta q(t_1) - \frac{\partial L}{\partial \dot{q}} \delta q(t_0) \tag{2.133}$$

であるが,両端での条件 (2.130) よりゼロになる.したがって,(2.132) は

$$\delta I = \int_{t_0}^{t_1} \left\{ \frac{\partial L}{\partial q} - \frac{d}{dt} \left(\frac{\partial L}{\partial \dot{q}} \right) \right\} \delta q(t) \, dt \tag{2.134}$$

となる.(2.134) が停留値をとる条件 $\delta I = 0$ を満たすためには,任意の δq に対して被積分関数が恒等的にゼロとなるしかない.つまり,

$$\boxed{\frac{d}{dt} \left(\frac{\partial L}{\partial \dot{q}} \right) = \frac{\partial L}{\partial q}} \tag{2.135}$$

である.

したがって,ラグランジュの運動方程式というのは,(2.131) の変分問題に対するオイラー方程式に他ならないのである.自由度が f であれば,q を q_i $(i = 1, \cdots, f)$ に変えればよい.これがラグランジュの運動方程式 (2.2) に

2.5 ハミルトンの原理と運動方程式

なる．以上より，ハミルトンの原理に基づけば，物体が実際に通る軌道は微分方程式 (2.2) を満たさなければならないことがわかる．

また，1.3.1 項の例題 1.4 でラグランジュの運動方程式は**共変的である**こと（座標変換によって形を変えないこと）を示した（演習問題 [2.4] を参照）が，これはハミルトンの原理や変分原理を幾何学的に考えてみれば自然な結論である．なぜなら，関数の停留値というものはその量の幾何学的な形によるもので，変数の選び方にはよらないからである．

ラグランジアンの形

2.2 節で示したラグランジュの運動方程式の導出法は，ニュートンの運動方程式を素朴に変形しながら導くものであった．そのため，ラグランジュの運動方程式はニュートンの運動方程式の単なる焼き直しのような印象をもつ人もいるかもしれないが，ここで気付いてほしいことがある．それは，ハミルトンの原理からラグランジュの運動方程式は求まるが，ラグランジアンの形までは決まらないことである．

しかし，2.2 節で扱ったラグランジアンは $L = T - U$ の形であり，ニュートンの運動方程式が導けるようになっていた．そうなった理由は，実はニュートンの運動方程式が導けるように，L の形をはじめから決めていったからである．要するに，ハミルトンの原理だけでは $L = T - U$ の形までは決まらないのである．

この事実は，見方を変えれば，ラグランジアンの形は一意的ではないということである．つまり，ラグランジアンは多様性をもっている（[例題 2.6] を参照）．

[例題 2.6]　ラグランジアンの多様性

x 軸方向の力を受けずに $+x$ 方向に自由な運動をしている粒子（自由粒子）の運動方程式は

$$m\ddot{x} = 0 \qquad (2.136)$$

である．

（1）自由粒子は力を受けないから，ポテンシャルエネルギーはゼロである．(2.136)はラグランジアン

$$L_1 = \frac{1}{2}m\dot{x}^2 \qquad (2.137)$$

から求まることを示しなさい．

（2）ラグランジアンを

$$L_2 = e^{\alpha \dot{x}} \qquad (2.138)$$

としても，運動方程式(2.136)が導かれることを示しなさい．ただし，α はゼロでない定数とする．

[解]（1）ラグランジュの運動方程式に代入すると

$$\frac{d}{dt}\left(\frac{\partial L_1}{\partial \dot{x}}\right) = \frac{\partial L_1}{\partial x} \quad \rightarrow \quad m\ddot{x} = 0 \qquad (2.139)$$

のように，自由粒子の式になる．

（2）ラグランジュの運動方程式に代入すると

$$\left. \begin{aligned} & \frac{\partial L_2}{\partial x} = 0, \quad \frac{\partial L_2}{\partial \dot{x}} = \frac{de^{\alpha \dot{x}}}{d\dot{x}} = \alpha e^{\alpha \dot{x}} \\ & \frac{d}{dt}\left(\frac{\partial L_2}{\partial \dot{x}}\right) = \frac{d(\alpha e^{\alpha \dot{x}})}{dt} = \frac{d\dot{x}}{dt}\frac{d(\alpha e^{\alpha \dot{x}})}{d\dot{x}} = \frac{d\dot{x}}{dt}\alpha^2 e^{\alpha \dot{x}} \end{aligned} \right\} \qquad (2.140)$$

より

$$\frac{d}{dt}\left(\frac{\partial L_2}{\partial \dot{x}}\right) = \frac{\partial L_2}{\partial x} \quad \rightarrow \quad \ddot{x} = 0 \qquad (2.141)$$

となる（$\alpha \neq 0$）．これに m を掛けると自由粒子の式になる．このように，ラグランジアン L_2 も自由粒子のラグランジアンになる．　¶

この簡単な例題からわかるように，ラグランジアンは一意的には決まらない．しかし，ハミルトンの原理から導かれるラグランジュの運動方程式は基本的なものである．ニュートン力学では，この運動方程式はニュートンの運動方程式と同等であるが，もっと複雑な相対論的力学，連続体の力学，電磁気学や場の理論，波動方程式などへも拡張することができる．このように，

ラグランジュ形式はニュートン力学を超えるものを含んでいることを忘れてはならない.

ちなみに,ラグランジアン L 自体は保存量ではないが,ハミルトニアン H とは密接な関係がある（演習問題 [2.5] を参照）.

2.6 束縛運動とラグランジュの未定乗数法

自由な運動とは異なり,振り子の運動や斜面に沿った物体の運動のように,なんらかの制限が付いた運動のことを**束縛運動**という.この節では,束縛条件をラグランジュの運動方程式に取り入れるラグランジュの未定乗数法という方法を解説する.これは,多自由度系の束縛運動を扱うときに非常に有効な方法である.

n 個の運動方程式と m 個の束縛条件

いま,1つの力学系を考えて,もし束縛条件が何もなければ,この力学系の運動は n 個のラグランジュの運動方程式

$$\frac{d}{dt}\left(\frac{\partial L}{\partial \dot{q}_i}\right) = \frac{\partial L}{\partial q_i} \qquad (i = 1, 2, \cdots, n) \tag{2.142}$$

で記述されるとする（つまり,自由度 n の力学系）.しかし,この力学系に様々な束縛があれば,n 個の q_i のすべてが独立というわけではない.束縛条件の数を m 個とすれば,n 個の q_i の間に m 個の**束縛条件式**

$$f_k(q_1, \cdots, q_n, t) = 0 \qquad (k = 1, 2, \cdots, m) \tag{2.143}$$

があることになる.そのため,(2.142)の独立な解 q_i は $n - m$ 個である.言い換えれば,この力学系の自由度 f は $f = n - m$ である（2.1.1項の(2.7)を参照）.

ラグランジュの未定乗数法

自由度 $n - m$ の問題を,自由度 $n + m$ の問題に拡張して解く方法がラグ

ランジュの未定乗数法である．

この場合，n 個の q_i を求める方法は次のような手順を踏む．まずはじめに，ラグランジアン L に m 個の束縛条件式 (2.143) を加えて，新しいラグランジアン L' を

$$L' = L + \lambda_1 f_1 + \cdots + \lambda_m f_m = L + \sum_{k=1}^{m} \lambda_k f_k \tag{2.144}$$

で定義する．ここで λ_k は任意定数で，束縛条件の数（m 個）だけある．

次に，L' に対するラグランジュの運動方程式

$$\frac{d}{dt}\left(\frac{\partial L'}{\partial \dot{q}_i}\right) = \frac{\partial L'}{\partial q_i} \qquad (i = 1, 2, \cdots, n) \tag{2.145}$$

をつくる．ここで，L' の中で $\dot{q}_i$ を含むのは L だけなので，$\partial L'/\partial \dot{q}_i = \partial L/\partial \dot{q}_i$ であることに注意すると，(2.145) は

$$\frac{d}{dt}\left(\frac{\partial L}{\partial \dot{q}_i}\right) = \frac{\partial L}{\partial q_i} + \lambda_1 \frac{\partial f_1}{\partial q_i} + \cdots + \lambda_m \frac{\partial f_m}{\partial q_i} \qquad (i = 1, 2, \cdots, n) \tag{2.146}$$

のように書ける．これを計算して，q_i に対する n 個の運動方程式をつくる．そして最後に，(2.143) の時間微分（$df_k/dt = 0$）から m 個の微分方程式（これを**束縛方程式**という）

$$\frac{df_k}{dt} = \frac{\partial f_k}{\partial q_1}\dot{q}_1 + \frac{\partial f_k}{\partial q_2}\dot{q}_2 + \cdots + \frac{\partial f_k}{\partial q_n}\dot{q}_n + \frac{\partial f_k}{\partial t} = 0 \qquad (k = 1, 2, \cdots, m) \tag{2.147}$$

をつくる．

以上の計算が終われば，次の (1) と (2) のいずれかの方法で n 個の q_i と m 個の λ_k を決めることができる．

　(1) n 個の運動方程式 (2.146) と m 個の束縛条件式 (2.143) を利用する．

　(2) n 個の運動方程式 (2.146) と m 個の束縛方程式 (2.147) を利用する．

(1) と (2) のどちらの方法をとるかは，扱う問題によって決める．このラグ

ランジュの未定乗数法によって，n 個の q_i と m 個の λ_k がすべて求まる．

このように，ラグランジュの未定乗数法を使うと，独立な変数とそうでない変数の区別をする必要がないので，煩雑な計算から解放される．なお，λ_k を**ラグランジュの未定乗数**とよび，束縛条件式 (2.143) が時間に依存すれば，時間の関数になる（ラグランジュの未定乗数法の導出は付録を参照）．

[例題 2.7] 垂直抗力

図 2.11 のように，x 方向の力 F によって，摩擦のない水平台の上を運動している物体がある．力学で学ぶように，この物体は台から垂直抗力 $R(=mg)$ を受けている（この力は，物体が台の中に沈みこまないようにはたらく束縛力である．そのため，重力とつり合う大きさをもつ）．この垂直抗力 R を未定乗数法で求めてみよう．

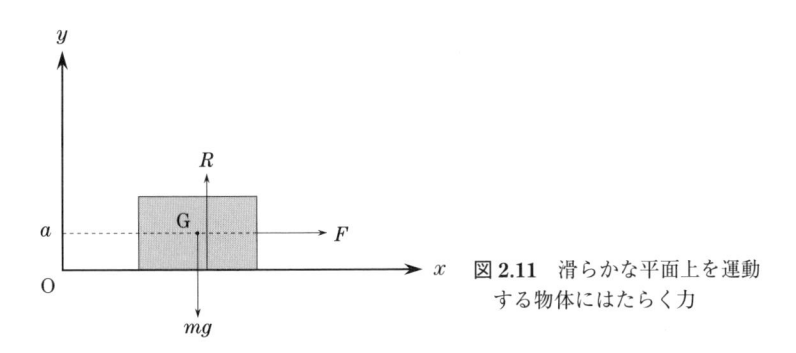

図 2.11 滑らかな平面上を運動する物体にはたらく力

（1） 物体の自由な運動だけを考えれば，ラグランジアン L は

$$L = \frac{m}{2}(\dot{x}^2 + \dot{y}^2) - mgy \tag{2.148}$$

である．物体は水平に動いているから，重心の高さを a とすれば，常に $y = a$ である．これが (2.143) の束縛条件式に当たるから

$$f = y - a = 0 \tag{2.149}$$

である．この束縛条件式を考慮した (2.144) のラグランジアン L' は

$$L' = \frac{m}{2}(\dot{x}^2 + \dot{y}^2) - mgy + \lambda f \qquad (2.150)$$

である.

ラグランジュの運動方程式 (2.3) から，x, y 方向の運動方程式は

$$m\ddot{x} = F, \qquad m\ddot{y} = \lambda - mg \qquad (2.151)$$

となることを示しなさい.

（2） 束縛条件式 (2.149) を使って，

$$\lambda = mg \qquad (2.152)$$

となることを示しなさい.

[解]（1） 一般力は $Q'_x = F$, $Q'_y = 0$ であるから，ラグランジュの運動方程式 (2.3) に L' を代入して，L で書き換えれば

$$\frac{d}{dt}\left(\frac{\partial L}{\partial \dot{x}}\right) = \frac{\partial L}{\partial x} + \lambda \frac{\partial f}{\partial x} + F \quad \rightarrow \quad \frac{d}{dt}\left(\frac{\partial L}{\partial \dot{x}}\right) = \frac{\partial L}{\partial x} + F \qquad (2.153)$$

$$\frac{d}{dt}\left(\frac{\partial L}{\partial \dot{y}}\right) = \frac{\partial L}{\partial y} + \lambda \frac{\partial f}{\partial y} \quad \rightarrow \quad \frac{d}{dt}\left(\frac{\partial L}{\partial \dot{y}}\right) = \frac{\partial L}{\partial y} + \lambda \qquad (2.154)$$

となる．ここで，$\partial f/\partial x = 0$, $\partial f/\partial y = 1$ を使った．これらの式に L を代入して計算すれば，運動方程式 (2.151) となる．

（2）(2.149) の束縛条件式 $y = a$ を t で微分すると $\dot{y} = \ddot{y} = 0$ なので，(2.151) の y 方向の運動方程式から $\lambda = mg$ を得る．この結果から，ラグランジュの未定乗数 λ は垂直抗力 R と同じものであることがわかる． ¶

この例題では，3 つの未知量 x, y, λ が 3 つの方程式（1 つの束縛条件 ($m = 1$) と 2 つの運動方程式 ($n = 2$)）によって完全に求められた ($n + m = 3$). そして，系に現れる束縛力も求めることができた．明らかに，この系の運動は x 方向だけなので自由度 f は 1 ($f = n - m = 2 - 1$) である．したがって，はじめに述べたように，確かに，自由度 $n - m$ の問題を自由度 $n + m$ の問題に拡張して解いたことになっている．

この例題から想像できるように，ラグランジュの未定乗数法を使うと，

2.6 束縛運動とラグランジュの未定乗数法

束縛条件のある問題を見通し良く,そして,比較的楽に解くことができる(演習問題[2.6]を参照).

未定乗数の物理的な意味

系に対する束縛を取り除き,その代わりに,系の運動が変わらないように外力を加えたと仮定しよう.そのようにしても,運動方程式は変わらないはずである.この新たに加えた外力は束縛の条件を満たすように系に加えた力であるから,束縛力に等しくなければならない.束縛力 Q_i' がある場合のラグランジュの運動方程式は

$$\frac{d}{dt}\left(\frac{\partial L}{\partial \dot{q}_i}\right) = \frac{\partial L}{\partial q_i} + Q_i' \quad (i = 1, 2, \cdots, n) \quad (2.155)$$

である.そして,この式は上で述べた理由から方程式(2.146)と同じでなければならない.したがって,(2.155)の束縛力 Q_i' と未定乗数 λ_k の間には

$$\boxed{Q_i' = \lambda_1 \frac{\partial f_1}{\partial q_i} + \cdots + \lambda_m \frac{\partial f_m}{\partial q_i} \quad (i = 1, 2, \cdots, n)} \quad (2.156)$$

という関係が成り立つ.つまり,<u>未定乗数 λ_k は束縛力 Q_i' の別表現である</u>.例えば,(2.154)の $\lambda(\partial f/\partial y) = \lambda$ の項が(2.155)の束縛力 $Q_2' = Q_y'$ に当たる(ただし,$q_2 = y$ とする).

ラグランジュの未定乗数法の優れた点は,当初求めようとした n 個の q_i だけでなく,m 個の λ_k も求まり,束縛力が決定できることである.このため,束縛条件をもつ工学的な問題を解くときに,解析力学は重要な道具になるのである.

最後に,束縛力が入ってくる物理や工学の問題に解析力学を適用するときの注意点をまとめておこう.

- 束縛力を求める必要がないときは,束縛力が運動方程式に入ってこないように,実際に運動が生じる方向にとった座標 q_i についてラグランジュの運動方程式を立てて解く.つまり,一般座標をうまく選んで,束縛条件が表面に現れないようにする.

- 束縛力まで求めたいときには，ラグランジュの未定乗数法に従って，束縛方程式（あるいは束縛条件式）とラグランジュの運動方程式を連立させて解く．

演習問題

[2.1] 座標の微分に関する (2.31) の関係式を極座標 (r, θ) の場合について確かめなさい． [☞ 2.2.1 項]

[2.2] 電場 $\boldsymbol{E}$ と磁場 $\boldsymbol{B}$ の中を速度 $\boldsymbol{v}$ で運動する荷電粒子（電荷 q）には

$$\boldsymbol{F} = q\boldsymbol{E} + q\boldsymbol{v} \times \boldsymbol{B} \tag{2.157}$$

の**ローレンツ力**（電気力 $q\boldsymbol{E}$ と磁気力 $q\boldsymbol{v} \times \boldsymbol{B}$ の和）がはたらく．電磁場のポテンシャルエネルギー U は

$$U = q\phi - q\boldsymbol{v}\cdot\boldsymbol{A} \tag{2.158}$$

のように，スカラーポテンシャル ϕ とベクトルポテンシャル $\boldsymbol{A}$ の和で定義される．電場 $\boldsymbol{E}$ と磁場 $\boldsymbol{B}$ は，この ϕ と $\boldsymbol{A}$ によって

$$\boldsymbol{E} = -\nabla\phi - \frac{\partial \boldsymbol{A}}{\partial t}, \quad \boldsymbol{B} = \nabla \times \boldsymbol{A} \tag{2.159}$$

で与えられる．ローレンツ力の x 成分

$$F_x = qE_x + q(\boldsymbol{v} \times \boldsymbol{B})_x \tag{2.160}$$

が (2.55) の一般力 Q_x

$$Q_x = -\frac{\partial U}{\partial x} + \frac{d}{dt}\left(\frac{\partial U}{\partial \dot{x}}\right) \tag{2.161}$$

から求まることを示しなさい． [☞ 2.2.1 項]

[2.3] 図 1.4 のバネ質点系において，おもりが速度に比例する抵抗力を受けて減衰振動しているとしよう．この減衰振動の運動方程式は

$$m\ddot{x} + 2m\gamma\dot{x} + m\omega^2 x = 0 \tag{2.162}$$

演習問題

で記述される $(\gamma > 0)$. この方程式を与えるラグランジアンが

$$L = \left(\frac{1}{2} m\dot{x}^2 - \frac{1}{2} m\omega^2 x^2\right) e^{2\gamma t} \quad (2.163)$$

で与えられることを，ラグランジアンの形を

$$L = a(t)\dot{x}^2 + b(t)x^2 \quad (2.164)$$

と仮定して導きなさい．ただし，抵抗力をゼロにした極限 $\gamma \to 0$ で (2.164) は $L = T - U$ の形になるようにしなさい． ［☞ 2.3.2 項］

[2.4] ラグランジュの運動方程式の共変性を示す (1.90) を自由度 f の系に拡張すると

$$\frac{d}{dt}\left(\frac{\partial L}{\partial \dot{q}_i}\right) - \frac{\partial L}{\partial q_i} = \sum_{j=1}^{f}\left\{\frac{d}{dt}\left(\frac{\partial L}{\partial \dot{x}_j}\right) - \frac{\partial L}{\partial x_j}\right\}\frac{\partial x_j}{\partial q_i} \quad (2.165)$$

となることを示しなさい $(i = 1, 2, \cdots, f)$. ［☞ 2.5 節］

[2.5] $L(q_i, \dot{q}_i)$ を時間 t で微分して

$$\sum_{i=1}^{f} \dot{q}_i p_i - L = \text{一定} \quad (2.166)$$

となることを示しなさい． ［☞ 2.5 節］

[2.6] 図 2.12 (a) のように，中空のガラス管を水平な台に置いて，管の一端を原点に一致させる．管内にはビー玉のような小球が置いてある．管壁は滑らかで，小球と管壁には摩擦はないとする．このガラス管を一定の角速度 ω で回すときの小球の運動をラグランジュの未定乗数法で考えよう．

（1）図 2.12 (b) のように，水平な台を xy 平面にとり，ガラス管を直線で表すと，束縛条件式は

$$f_1 = x\sin\omega t - y\cos\omega t = 0 \quad (2.167)$$
$$f_2 = z = 0 \quad (2.168)$$

で与えられることを示しなさい．

（2）この系のラグランジアンは

$$L = \frac{m}{2}(\dot{x}^2 + \dot{y}^2 + \dot{z}^2) - mgz \quad (2.169)$$

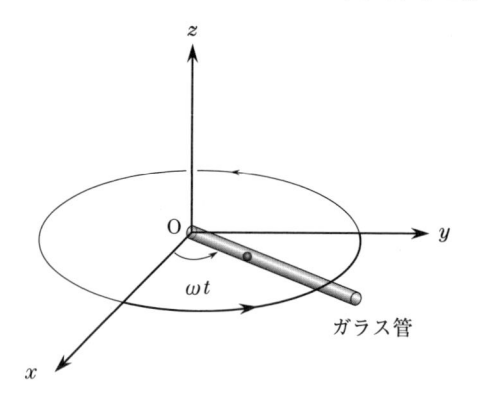

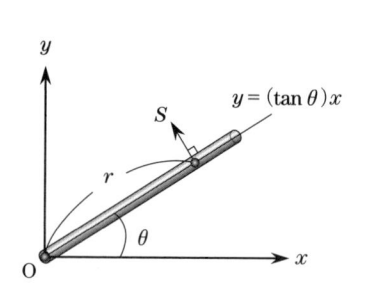

(a) z 軸を中心軸として回転するガラス管

(b) ガラス管の形状を xy 平面上の直線と見なす．

図 **2.12** 水平な台上で回転するガラス管の中のビー玉の運動

である．$L' = L + \lambda_1 f_1 + \lambda_2 f_2$ として，ラグランジュの運動方程式 (2.145) から

$$m\ddot{x} = \lambda_1 \sin \omega t \tag{2.170}$$

$$m\ddot{y} = -\lambda_1 \cos \omega t \tag{2.171}$$

$$m\ddot{z} = -mg + \lambda_2 \tag{2.172}$$

が導かれることを示しなさい．

（3）(2.170) と (2.171) を使って，r 方向の運動方程式

$$\ddot{r} - \omega^2 r = 0 \tag{2.173}$$

を導きなさい．次に，$t = 0$ のとき，小球は $r = a$ に止まっていたとして，この解が

$$r = \frac{a}{2}(e^{\omega t} + e^{-\omega t}) = a \cosh \omega t \tag{2.174}$$

となることを示しなさい．

（4）管が小球におよぼす抗力 S（図 2.12 (b) を参照）と λ_1 の間に

$$\lambda_1 = -S = -2ma\omega^2 \sinh \omega t \tag{2.175}$$

が成り立つことを示しなさい． [☞ 2.6 節]

3. ハミルトン形式の基礎

第2章で述べたように,ラグランジュ形式は一般座標 q と一般速度 $\dot{q}$ が独立変数であったが,ハミルトン形式では $\dot{q}$ の代わりに一般運動量 p を独立変数に使う.そのため,q, p の関数であるハミルトニアン H を使ってハミルトンの運動方程式(ハミルトンの正準方程式ともいう)が定義される.この運動方程式は,内容的にはラグランジュの運動方程式と同等である.

しかしながら,ハミルトンの運動方程式は,一般座標 q と一般運動量 p を対等に扱うため,q, p 間の座標変換(**正準変換**)や q, p を座標軸にもつ空間(**位相空間**)で解の振る舞いを考察することができる.このため,ハミルトンの運動方程式はニュートンやラグランジュの運動方程式に比べて理論的に優れ,より普遍的な構造をもっている.その結果,力学だけでなく物理学の諸分野にも広く応用されて,それらの発展に大きく貢献してきた.

ハミルトンの運動方程式が本章での中心になるので,最初に拡大表示しておこう.

ハミルトンの運動方程式

ハミルトニアン

$$H(q_i, p_i, t) = \sum_{i=1}^{f} p_i \dot{q}_i - L \tag{3.1}$$

に対して(添字 i は $i = 1, 2, \cdots, f$ で,f は系の自由度),保存力だけを含む場合:

$$\dot{q}_i = \frac{\partial H}{\partial p_i}, \qquad \dot{p}_i = -\frac{\partial H}{\partial q_i} \tag{3.2}$$

保存力でない力 Q_i' も含む場合:

$$\dot{q}_i = \frac{\partial H}{\partial p_i}, \qquad \dot{p}_i = -\frac{\partial H}{\partial q_i} + Q_i' \tag{3.3}$$

学習目標

① ハミルトニアンの物理的意味を説明できるようになる．
② ハミルトンの運動方程式を使えるようになる．
③ 配位空間と位相空間を理解する．
④ リウヴィルの定理を説明できるようになる．
⑤ 正準変換の考え方を理解する．

3.1 ハミルトンの運動方程式

3.1.1 ハミルトニアン

ラグランジアン L を利用して，q_i と p_i を変数にもつハミルトニアン H を定義しよう．

自由度1の場合

ハミルトニアンの導出を自由度1の簡単な系で行なう．この場合，$q_i, \dot{q}_i, p_i$ の添字 i は不要なので，変数を $q, \dot{q}, p$ とする．ハミルトニアン H を導く最初のステップは，ラグランジアン L の全微分 dL を計算することである．$L = L(q, \dot{q}, t)$ であるから，その全微分は

$$dL = \frac{\partial L}{\partial q} dq + \frac{\partial L}{\partial \dot{q}} d\dot{q} + \frac{\partial L}{\partial t} dt \tag{3.4}$$

である ((1.107) を参照)．この式の右辺の dq の係数 $\partial L/\partial q$ をラグランジュの運動方程式 (2.3) で書き換えると

$$dL = \left\{ \frac{d}{dt}\left(\frac{\partial L}{\partial \dot{q}} \right) - Q' \right\} dq + \frac{\partial L}{\partial \dot{q}} d\dot{q} + \frac{\partial L}{\partial t} dt \tag{3.5}$$

となる．ここで，右辺の $\partial L/\partial \dot{q}$ が (2.61) の一般運動量 p であることに注意

3.1 ハミルトンの運動方程式

すると，(3.5) は

$$dL = (\dot{p} - Q')\,dq + p\,d\dot{q} + \frac{\partial L}{\partial t}\,dt \tag{3.6}$$

となる．

(3.6) の右辺は $dq, d\dot{q}, dt$ の 1 次式である（1.3.2 項の「全微分の見方」を参照）から，左辺の量 dL は $q, \dot{q}, t$ の関数であることがわかる（これは，L の定義からも当然である）．しかし，いまの目的は q, p, t の関数をつくることであるから，右辺は dq, dp, dt の 1 次式で表されなければならない．このためには，$p\,d\dot{q}$ の項から dp の項が現れるように工夫しなければならないが，これは簡単で，$p\dot{q}$ の全微分

$$d(p\dot{q}) = \left\{\frac{\partial(p\dot{q})}{\partial p}\right\}dp + \left\{\frac{\partial(p\dot{q})}{\partial \dot{q}}\right\}d\dot{q} = \dot{q}\,dp + p\,d\dot{q} \tag{3.7}$$

を利用すればよい．(3.7) を使って (3.6) の右辺の $p\,d\dot{q}$ を書き換えると

$$dL = (\dot{p} - Q')\,dq + d(p\dot{q}) - \dot{q}\,dp + \frac{\partial L}{\partial t}\,dt \tag{3.8}$$

となる．そこで，$d(p\dot{q})$ と dL を 1 つにまとめて

$$d(p\dot{q}) - dL = -(\dot{p} - Q')\,dq + \dot{q}\,dp - \frac{\partial L}{\partial t}\,dt \tag{3.9}$$

のように表す．右辺は dq, dp, dt の 1 次式であるから，左辺の量は q, p, t の関数である．そこで，左辺が $d(p\dot{q}) - dL = d(p\dot{q} - L)$ と書けることに注意し，$p\dot{q} - L$ を 1 つの関数と見なして

$$\boxed{H(q, p, t) = p\dot{q} - L(q, \dot{q}, t)} \tag{3.10}$$

のような q, p, t の関数 H を定義する．この関数 H を**ハミルトニアン**という．ただし，(3.10) の右辺には $\dot{q}$ があるので，これを一般運動量 p で書き換える必要がある．

自由度 f の場合

自由度 f が 2 以上の多自由度系の場合は，一般座標 q と一般運動量 p に添

字を付けて (2.1.2 項の「一般座標の通し番号」を参照), (3.10) を

$$\boxed{H(q,p,t) = \sum_{i=1}^{f} p_i \dot{q}_i - L(q, \dot{q}, t) = p_i \dot{q}_i - L(q, \dot{q}, t)} \quad (3.11)$$

のように拡張すればよい．3 番目の式は，アインシュタインの規約（同じ添字の和をとるときは総和記号 $\sum$ を省略するという記法）を使って表現したものである ((2.32) の説明を参照)．ただし，この (3.11) においても，右辺の一般速度 $\dot{q}_i$ は (2.61) の一般運動量 p_i で書き換えることを忘れてはならない（演習問題 [3.1] を参照）．

3.1.2 ハミルトンの運動方程式の導出

自由度 1 の場合

ハミルトニアン H を使うと，(3.9) は

$$dH = \dot{q}\,dp - (\dot{p} - Q')\,dq - \frac{\partial L}{\partial t}\,dt \quad (3.12)$$

である．一方，H を独立変数 q, p, t の関数 $H(q, p, t)$ と考えて，H の全微分をとると

$$dH = \frac{\partial H}{\partial p}\,dp + \frac{\partial H}{\partial q}\,dq + \frac{\partial H}{\partial t}\,dt \quad (3.13)$$

である．

そこで，(3.13) を (3.12) と比較すると

$$\boxed{\dot{q} = \frac{\partial H}{\partial p}, \qquad \dot{p} = -\frac{\partial H}{\partial q} + Q'} \quad (3.14)$$

および

$$\frac{\partial L}{\partial t} = -\frac{\partial H}{\partial t} \quad (3.15)$$

という関係式が得られる．このうち，(3.14) が**ハミルトンの運動方程式**である．または，**ハミルトンの正準方程式** (canonical equation of motion) ともいう．

3.1 ハミルトンの運動方程式

自由度 f の場合

自由度 f が 2 以上の多自由度系の場合，一般座標と一般運動量に添字を付けて，(3.14) のハミルトンの運動方程式を

$$\dot{q}_i = \frac{\partial H}{\partial p_i}, \qquad \dot{p}_i = -\frac{\partial H}{\partial q_i} + Q'_i \qquad (i = 1, 2, \cdots, f) \tag{3.16}$$

のように拡張すればよい．これが (3.3) である．

ハミルトンの運動方程式を記述する 2 変数 q_i, p_i を**正準変数**（canonical variables）という．また，一般運動量 p_i を q_i に**共役な運動量**（conjugate momentum）ともいう．保存力だけの場合は $Q'_i = 0$ となるので，保存系（保存力だけがはたらく力学系）を記述するハミルトンの運動方程式は (3.2) である．

ラグランジュの運動方程式との関係で忘れないでほしいことは，<u>ハミルトンの運動方程式はラグランジュの運動方程式と完全に同等だということである</u>．なぜならば，L だけを用いて形式的に導出された式だからである．

本書では説明を省くが，ここで示した $(q, \dot{q}) \to (q, p)$ の特別な変数変換は，**ルジャンドル変換**というものである．この変換を使って，$q, \dot{q}$ の関数である L から $p\dot{q}$ を差し引いて，q, p の関数である $-H$ を導いたのである．

なお，ハミルトンの運動方程式とラグランジュの運動方程式の数が異なる理由は，時間微分の階数の違いである．ラグランジュの運動方程式は，一般座標 q に対する 2 階の時間微分から成る微分方程式（$\ddot{q} = \cdots$）である．これに対して，ハミルトンの運動方程式は，ラグランジュの運動方程式を q と p の 1 階の時間微分から成る連立方程式（$\dot{q} = \cdots, \dot{p} = \cdots$）に書き換えたものである．この結果，ハミルトンの運動方程式の数はラグランジュの運動方程式の 2 倍になる．

エネルギーの保存

第 1 章で，時間 t に陽に依存しない（t を直接含まない）ハミルトニアンは系のエネルギーを表し，保存量になることを示した（(1.116) を参照）．

このことをハミルトニアンの定義式 (3.11) から再考しよう．

いま，$q_i = x_i$, $p_i = p_{x_i}$ のデカルト座標を選ぶと，(3.11) は

$$H(x, p_x) = p_{x_i}\dot{x}_i - L(x, \dot{x}) \tag{3.17}$$

となる．ここで，(2.22) の運動エネルギー T をアインシュタインの規約で $T = m_i\dot{x}_i^2/2$ と略記してから，(2.23) の $p_{x_i} = m_i\dot{x}_i$ を使って $T = (m_i\dot{x}_i)(\dot{x}_i)/2 = p_{x_i}\dot{x}_i/2$ のように書き換えると，(3.17) の右辺 1 項目は $p_{x_i}\dot{x}_i = 2T$ となる．

一方，ラグランジアン L は $L = T - U$ であるから，結局 (3.17) は

$$\begin{aligned}H(x, p_x) &= 2T - L = 2T - (T - U) \\ &= T + U\end{aligned} \tag{3.18}$$

となる．つまり，保存系のとき，ハミルトニアン H は運動エネルギー T とポテンシャルエネルギー U の和（力学的エネルギー E）に他ならない．デカルト座標 x 以外の一般座標 q を用いても，(3.18) は常に成り立つ（演習問題 [3.2] を参照）．

物理学でハミルトンの運動方程式を用いるのは，保存系の場合がほとんどである．しかし，ハミルトニアンが時間に陽に依存する現象もあるので，ハミルトニアンは必ずしも系のエネルギーに一致するわけではない．要するに，<u>ハミルトニアンはエネルギーよりも広い概念である</u>ことを忘れないようにしてほしい．

方程式の対称性

ハミルトンの運動方程式 (3.2) を見て気付くことは，変数 q_i と p_i を入れ替えても，符号を除けば，同じ形になる（対称性をもつ）ことである（なお，演習問題 [3.3] の**ポアソンの括弧式**で表したハミルトンの運動方程式 (3.84) は，変数 q_i, p_i の入れ替えに対して完全に対称である）．一般に，<u>物理法則に対称性があると，その背後に重要な物理的意味をもつ場合がある</u>．ハミルトンの運動方程式 (3.2) の場合は，この対称性のおかげで，3.4 節で述べるように，位相空間に結び付いた正準変換が存在し，その結果として力学の理論が

拡張されることになる．その意味で，ハミルトンの運動方程式 (3.2) は，単にニュートンの運動方程式の書き換えというレベルの話だけでなく，力学の理論を拡張するという観点からも重要な意味をもつのである（演習問題 [3.3] を参照）．

ちなみに，一般に方程式がある種の対称性をもつときに，その**方程式は美しい**と表現することがある．この表現には，自然法則に対する畏敬の念が込められているのだろう．

3.2 配位空間と位相空間

運動している質点は，運動方程式に従って空間に軌道を描く．運動方程式を解くということは，質点の軌道を表す関数を求めることである．そこで，軌道が描かれる空間について考えてみよう．

いま，質点の自由度を f としよう．このとき，一般座標 q_i だけを座標軸にしてつくる f 次元空間を**配位空間**とよび，一般座標 q_i と一般運動量 p_i を座標軸にしてつくる $2f$ 次元空間を**位相空間**という．

配位空間での軌道

〈ニュートンの運動方程式の場合〉

ニュートン力学の立場では，例えば自由度 3 の場合，x, y, z 軸の 3 次元空間が配位空間に相当する．そして，図 3.1 (a) のように，その 3 次元空間の中を 1 個の質点が動く．もし，質点が 2 個に増えれば，図 3.1 (b) のように，2 個の質点をこの空間に描く．つまり，質点の個数に関わりなく x, y, z 軸をもつ 3 次元空間が存在する．そして，N 個の質点から成る力学系があれば，その運動はこの空間の中を動く N 個の質点の軌道で表される．

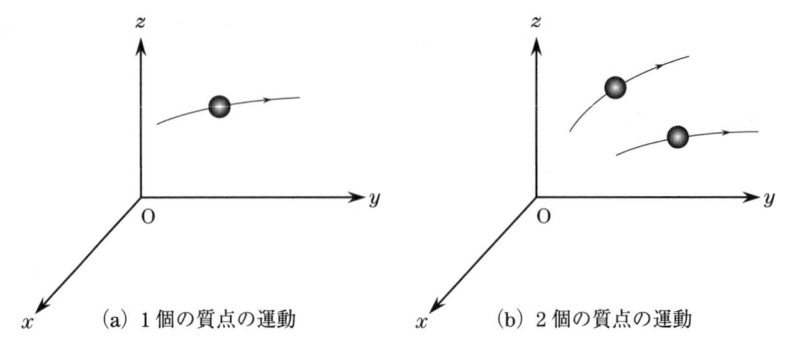

(a) 1個の質点の運動　　(b) 2個の質点の運動

図 3.1　ニュートン力学における xyz 空間

〈ラグランジュの運動方程式の場合〉

自由度 f の力学系に対して，一般座標 $q_1, q_2, \cdots, q_f$ を直交軸とするような f 次元の空間（これを配位空間という）を考える．いま1個の質点の自由度を2とすれば，N 個の質点系の f は (2.5) のように $f = 2 \times N$ であるから，質点の運動は $2N$ 次元の配位空間で表される．

1個の質点 ($N=1$) が運動していれば，図3.2(a)のように $q_1 q_2$ 平面内の点で表される．もし，質点が2個 ($N=2$) に増えれば $f = 2 \times N = 4$ なので，q_3, q_4 の軸を加えた図3.2(b)のような q_1, q_2, q_3, q_4 の軸をもつ<u>4次元空間</u>

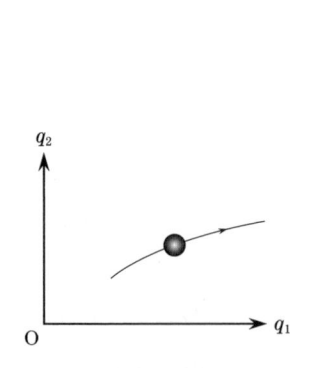

(a) 1個の質点の運動を $q_1 q_2$ 平面の 1 点で表す．　　(b) 2個の質点の運動を $q_1 q_2 q_3 q_4$ 空間の 1 点で表す．

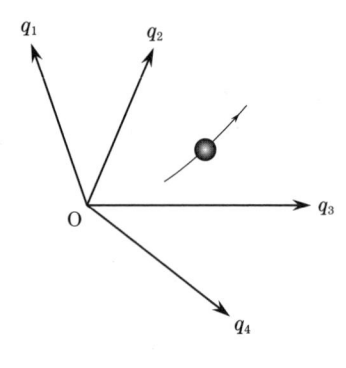

図 3.2　自由度 2 の運動に対する配位空間

3.2 配位空間と位相空間

(配位空間) 内の 1 個の点で 2 個の質点の運動は表現される (q_1, q_2, q_3, q_4 の軸は互いに直交するが,これを描くことはできないので,自由に想像してほしい).

位相空間での軌道

〈ハミルトンの運動方程式の場合〉

ハミルトン形式では,自由度 f の力学系は f 個の一般座標 q_i と f 個の一般運動量 p_i で記述される.そのため,q_i と p_i を座標軸にした $2f$ 次元の空間を考えるのが自然である.この $2f$ 次元空間のことを**位相空間** (phase space) という.

具体的に,1 個の質点 ($N = 1$) のハミルトンの運動方程式を考えてみよう.この質点の自由度を 1 とすれば ($f = 1 \times N = 1$),運動方程式から 1 組の変数 (q_1, p_1) が時間の関数として求まる.このとき,(q_1, p_1) を 2 次元空間 ($2f$ 次元 = 2 次元) の 1 点と考えることができる.そうすれば,この 1 点が時間とともに動いてつくる曲線は,この質点の運動を表す軌道になる.もし,質点が 2 個 ($N = 2$) に増えれば $f = 1 \times N = 2$ なので,2 組の変数 (q_1, p_1), (q_2, p_2) の運動がハミルトンの運動方程式から決まる.この場合は,q_1, q_2, p_1, p_2 を直交軸とする 4 次元空間 ($2f$ 次元 = 4 次元) が位相空間になり,この質点系の運動は 4 次元の位相空間内の 1 点の動きによって決まる.

ここで示した自由度 1 の議論はそのまま自由度 f に拡張できるので,自由度 f の力学系の運動が,$2f$ 次元の位相空間内のたった 1 個の点で記述できることに納得できるだろう.位相空間の中に 1 つの点を決めるということは,その時刻におけるすべての座標と運動量を同時に決めることと同じである.

このような点のことを**位相点**あるいは**代表点** (representative point) という.また,この位相点が動いて描く軌道のことを**軌跡** (あるいは**トラジェクトリー** (trajectory)) という.この $2f$ 次元の位相空間を導入すると,様々な観点から力学系を扱うことができる.例えば,位相点の軌跡を**位相流体**という流体のイメージで扱うこともできるので,流体力学とのアナロジーを使うこともできる.

このように，位相空間を使うと力学系の構造や特徴を理解しやすくなるので，位相空間は非常に役立つ概念である．

[例題 3.1]　単振動の位相図

図 1.4 のように，おもり（質量 m）がバネ（バネ定数 k）につながれた 1 次元の振動系がある．これはニュートンの運動方程式

$$m\ddot{x} + kx = 0 \tag{3.19}$$

に従って，単振動をする．

（1）この系のハミルトニアン H は

$$\boxed{H = \frac{p_x^2}{2m} + \frac{kx^2}{2}} \tag{3.20}$$

であることを示しなさい．ただし，p_x は $p_x = m\dot{x}$ で定義される運動量である．

（2）系のエネルギーを E とする．このときの質点の軌道を，p_x を縦軸，x を横軸にした平面に描きなさい．

（3）位相点 (x, p_x) の速さと向きを求めなさい．

[解]（1）(3.19) を与えるラグランジアンは，(1.84) の

$$L(x, \dot{x}) = \frac{1}{2} m\dot{x}^2 - \frac{1}{2} kx^2 \tag{3.21}$$

であるから，ハミルトニアンは (3.10) より

$$\begin{aligned}
H &= p_x \dot{x} - L(x, \dot{x}) \\
&= p_x \left(\frac{p_x}{m}\right) - \left\{\frac{1}{2} m \left(\frac{p_x}{m}\right)^2 - \frac{1}{2} kx^2\right\} \\
&= \frac{p_x^2}{2m} + \frac{kx^2}{2}
\end{aligned} \tag{3.22}$$

となる．

（2）(3.20) のハミルトニアンは保存するので（(3.18) を参照）

$$\frac{p_x^2}{2m} + \frac{kx^2}{2} = E \tag{3.23}$$

である．これを

3.2 配位空間と位相空間

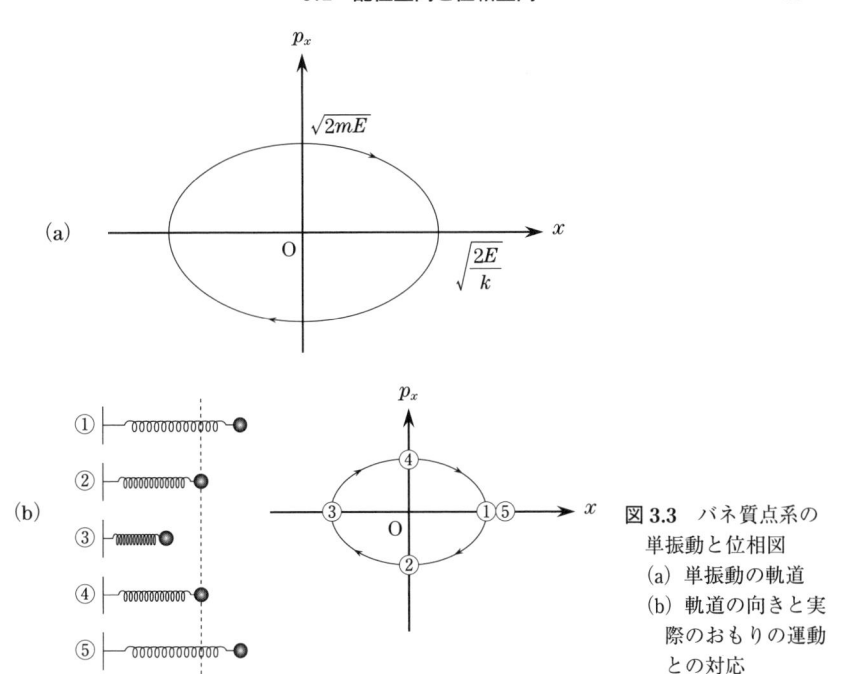

図3.3 バネ質点系の単振動と位相図
(a) 単振動の軌道
(b) 軌道の向きと実際のおもりの運動との対応

$$\left(\frac{p_x}{\sqrt{2mE}}\right)^2 + \left(\frac{x}{\sqrt{2E/k}}\right)^2 = 1 \tag{3.24}$$

のように書き換えれば，エネルギー E をもつ単振動の運動は，図3.3(a)のように位相空間内の楕円で表される．つまり，運動の軌道は，初期条件で決まる力学的エネルギー E の値に応じた楕円になる．なお，図3.3(a)からわかるように，E が大きいほど楕円は大きくなる．

(3) 力学で速さというときは，一般に位置座標 x の時間的な変化率 $\dot{x}$ を指すが，位相空間では運動量 p_x の時間変化率 $\dot{p}_x$ も速さとよぶ．これは，x, p_x を対等に扱うハミルトン形式の考え方に基づくものであり，このような速さ $\dot{x}, \dot{p}_x$ によって位相点（代表点）の動く向きが判断できる（$\dot{p}_x = m\ddot{x}$ と書けるが，$\dot{p}_x$ を位相空間では加速度 $\ddot{x}$ と考えないことに注意してほしい）．

この場合の位相点 (x, p_x) の進む速さは

$$\dot{x} = \frac{\partial H}{\partial p_x} = \frac{p_x}{m}, \qquad \dot{p}_x = -\frac{\partial H}{\partial x} = -kx \tag{3.25}$$

である．

位相点の動く向きは，(3.25) の 1 番目の式から $p_x > 0$ ならば x は増加し（$\dot{x} > 0$ なので x の正方向に動く），$p_x < 0$ ならば x は減少する（$\dot{x} < 0$ なので x の負方向に動く）ことを考慮すれば，図 3.3 (a) の矢印のようになる．おもりの運動と楕円上の点の動きは図 3.3 (b) のように対応している．このように，楕円上の点の座標によって，時刻 t でのおもりの運動状態（位置と速度）が完全に決まる．これが位相空間で物理現象を見ることの利点である． ¶

　この例題は自由度 1 の問題だったので軌道は 2 次元空間内の楕円になったが，この例題から推測できるように，自由度 f の運動は $2f$ 次元内の「曲線」で表される．

　ただし，実際の運動では x と p_x は (3.23) のように関係するので，x と p_x は独立ではない．これはハミルトン形式に矛盾があるように思えるかもしれないが，<u>ハミルトニアン $H(q, p)$ を考えるときは，変数 q と p は互いに独立</u>であると見なしても問題は生じない（3.4.1 項の「δq と δp を独立変数と考えてよい理由」を参照）．

3.3　リウヴィルの定理

　位相空間内に考えた有限な領域内の質点の集団が，ハミルトンの運動方程式に従って運動しているとしよう．時間の経過とともに質点の集団は動くので，当然，集団を取り囲む領域の形は変化する．ところが，この領域の大きさ（2 次元では面積，3 次元では体積）はどんなに時間が経っても変わらないことを主張するのが**リウヴィルの定理**である．リウヴィルの定理は，力学系の解の性質を論じるときに重要な役割を果たすだけでなく，統計力学の基礎ともなる重要な定理である．

3.3.1 位相空間の測度

領域の大きさとは,位相空間が2次元平面であれば面積であり,3次元空間であれば体積である.一般に,面積や体積のような量のことを**測度**(measure)という.したがって,リウヴィルの定理は位相空間の測度が不変に保たれることを述べた定理である.

位相空間の面積

リウヴィルの定理はいささか抽象的なので,その意味するところを自由度1の簡単な単振動の運動を使って,具体的に説明しよう.

バネ定数 k のバネにとり付けられた質量 m のおもりの単振動を表す運動方程式

$$m\ddot{x} + kx = 0 \tag{3.26}$$

の解は,位相平面上で図3.4 (a) のような楕円になる ((3.24)を参照).このような軌道のことを**解軌道**という.

(3.26) の一般解 x は,三角関数を用いて

$$x(t) = A\cos\omega t + B\sin\omega t, \quad \omega = \sqrt{\frac{k}{m}} \tag{3.27}$$

のように与えられる.ここで,A, B は初期条件によって決まる定数である.この $x(t)$ の時間微分 $\dot{x}(t)$ は速度になるが,ここでは導出の都合上,$\dot{x}(t)$ を ω で割り,

$$y(t) = \frac{\dot{x}(t)}{\omega} = -A\sin\omega t + B\cos\omega t \tag{3.28}$$

のように,それを変数 $y(t)$ とおく.

いま,時刻 $t = 0$ での初期条件を $x(0) = u, y(0) = v$ とすると,定数 A, B は $u = A, v = B$ となるので,一般解 $x(t), y(t)$ は

$$x(t) = u\cos\omega t + v\sin\omega t, \quad y(t) = -u\sin\omega t + v\cos\omega t \tag{3.29}$$

のような特定の解(特解)に変わる.

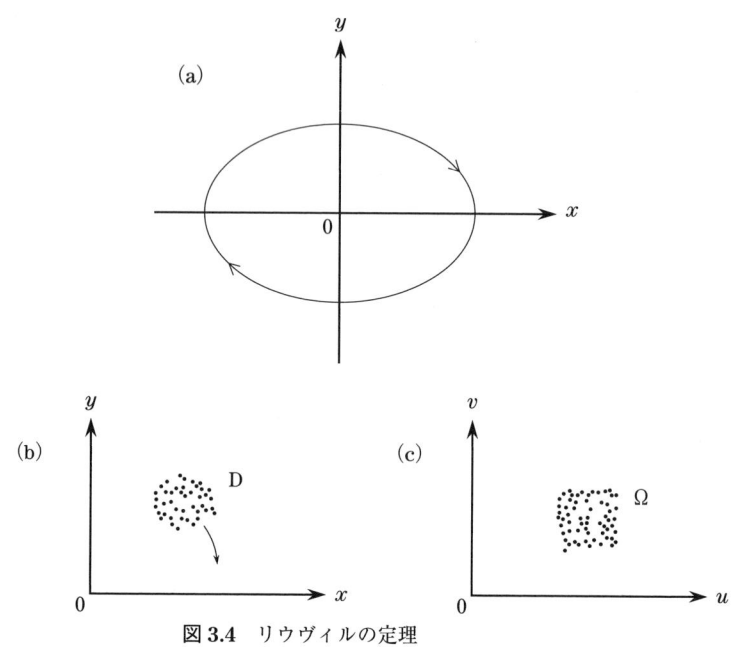

図 3.4 リウヴィルの定理
(a) 位相平面における単振動の解軌道
(b) xy 平面と領域 D 内の解の集合
(c) uv 平面と領域 Ω 内の解の集合

ここで, 2つの平面を想像しよう. 1つは x 軸と y 軸をもつ xy 平面 (図 3.4(b)) で, もう1つは u 軸と v 軸をもつ uv 平面 (図 3.4(c)) である. そうすると (3.29) は, uv 平面上の1点 (u, v) を与えると, xy 平面上の1点 (x, y) を決める変換式と見なすことができる.

そこで, uv 平面上の領域 Ω に初期値 (u, v) の集合を考え, それらに対応する (x, y) の集合の領域 D を xy 平面に考える (図 3.4(b) と 3.4(c) を参照). もちろん, Ω と D はともに無限に広がってはいない (つまり, **有界な領域である**) ものとする. uv 平面の領域 Ω の面積を $\tilde{S}$ とすると, $\tilde{S}$ は

$$\tilde{S} = \int_\Omega du\, dv \tag{3.30}$$

である. 一方, xy 平面の領域 D の面積を S とすると, S は

3.3 リウヴィルの定理

$$S(t) = \int_D dx\,dy \tag{3.31}$$

である.なお,ここで定義した面積 $\tilde{S}$ や S は位相平面上での面積なので,**相面積**とよぶこともある.

ところで,(u,v) と (x,y) の間には (3.29) のような関係があるので,微小面積要素 $du\,dv$ と $dx\,dy$ の間にも一定の関係がある.(3.29) は (u,v) と (x,y) の変数変換を表す式であるから,これを一般的に表現すれば

$$x = x(u,v), \qquad y = y(u,v) \tag{3.32}$$

のようになる.

数学の微積分学で学ぶように,(3.32) のような変数変換があるとき,$\tilde{S}$ と S は 2 重積分の変数変換の公式

$$S(t) = \int_D dx\,dy = \int_\Omega J(u,v)\,du\,dv \tag{3.33}$$

によって関係づけられる.ここで,$J(u,v)$ は**ヤコビアン**とよばれる量で

$$J(u,v) \equiv \frac{\partial(x,y)}{\partial(u,v)} = \begin{vmatrix} \dfrac{\partial x}{\partial u} & \dfrac{\partial x}{\partial v} \\ \dfrac{\partial y}{\partial u} & \dfrac{\partial y}{\partial v} \end{vmatrix} \tag{3.34}$$

によって定義される.このヤコビアンの幾何学的な意味は,uv 平面から xy 平面に移るときの点 (u,v) における拡大率である.

相面積 $S(t)$ の時間変化

相面積 $S(t)$ が時間 t とともにどのように変化するかを考えるために,t で微分しよう.時間変化は変数 x,y から生じるので,$S(t)$ の時間微分は

$$\frac{dS(t)}{dt} = \int_\Omega \frac{dJ}{dt}\,du\,dv \tag{3.35}$$

となる.ここで,ヤコビアンの時間微分は

$$\frac{dJ}{dt} = \left(\frac{\partial \dot{x}}{\partial x} + \frac{\partial \dot{y}}{\partial y}\right) J \tag{3.36}$$

となる（演習問題 [3.4] を参照）から，(3.35) は

$$\frac{dS(t)}{dt} = \int_\Omega \left(\frac{\partial \dot{x}}{\partial x} + \frac{\partial \dot{y}}{\partial y}\right) J \, du \, dv \tag{3.37}$$

となる．

いま，(3.37) の Ω を非常に微小な領域だとすれば，被積分関数はほぼ一定と見なせる．そのため，被積分関数は積分の外に出せて

$$\frac{dS(t)}{dt} \approx \left(\frac{\partial \dot{x}}{\partial x} + \frac{\partial \dot{y}}{\partial y}\right) \int_\Omega J \, du \, dv = \left(\frac{\partial \dot{x}}{\partial x} + \frac{\partial \dot{y}}{\partial y}\right) S(t) \tag{3.38}$$

のように書けるので

$$\boxed{\frac{\dot{S}(t)}{S(t)} = \frac{\partial \dot{x}}{\partial x} + \frac{\partial \dot{y}}{\partial y}} \tag{3.39}$$

という関係式を得る．

［例題 3.2］ 単振動の相面積

(3.26) の単振動を表す運動方程式 $m\ddot{x} + kx = 0$ に対して，

$$\frac{\dot{S}(t)}{S(t)} = 0 \tag{3.40}$$

となることを示しなさい．

［解］ (3.28) から $\dot{x}(t) = \omega y(t)$ である．また，これを t で微分した $\ddot{x} = \omega \dot{y}$ に，(3.26) を使うと，$\dot{y}(t) = \ddot{x}(t)/\omega = -(k/m)x/\omega = -\omega^2 x/\omega = -\omega x$ である（途中で $\omega^2 = k/m$ を使った）．この $\dot{x}, \dot{y}$ を (3.39) に代入すると

$$\frac{\dot{S}(t)}{S(t)} = \frac{\partial \dot{x}}{\partial x} + \frac{\partial \dot{y}}{\partial y} = \omega \frac{\partial y}{\partial x} - \omega \frac{\partial x}{\partial y} = \omega \cdot 0 - \omega \cdot 0 = 0 \tag{3.41}$$

であるから，相平面の面積は一定である． ¶

なお，(3.39) の x, y を q_1, p_1 で書き換えれば

$$\frac{\dot{S}(t)}{S(t)} = \frac{\partial \dot{q}_1}{\partial q_1} + \frac{\partial \dot{p}_1}{\partial p_1} \tag{3.42}$$

となる．ただし，$q_1 = x$, $p_1 = m\dot{x} = m\omega y$ である．このような表式にすると，位相空間の次元が増えても簡単に拡張できる．例えば，$2f$ 次元の位相空間の場合，(3.42) は

$$\boxed{\frac{\dot{V}(t)}{V(t)} = \sum_{i=1}^{f} \left(\frac{\partial \dot{q}_i}{\partial q_i} + \frac{\partial \dot{p}_i}{\partial p_i} \right)} \tag{3.43}$$

となる．ここで，V は $2f$ 次元空間内の対象としている領域の体積を表している（これを**超体積**という）．

3.3.2 保存系と散逸系

ハミルトン系

ハミルトンの運動方程式に従って運動する力学系を**ハミルトン系**とよぶ．自由度 f のハミルトン系はハミルトニアン $H(q_i, p_i, t)$ で記述される（$i = 1, 2, \cdots, f$）．

いま，初期値（$t = 0$ での q_i, p_i の値）をたくさん用意して，それぞれに対応した解軌道の集まり（集団）を想像してみよう．当然，この集団を囲む領域の形は時間とともに変化していくが，この集団の大きさは有限だから集団の体積 V というものを考えることができる．そうすると，この体積 V の時間変化率は (3.43) で与えられる．これに，ハミルトンの運動方程式 (3.2) を代入すると

$$\frac{\dot{V}(t)}{V(t)} = \sum_{i=1}^{f} \left\{ \frac{\partial}{\partial q_i} \left(\frac{\partial H}{\partial p_i} \right) + \frac{\partial}{\partial p_i} \left(-\frac{\partial H}{\partial q_i} \right) \right\} = \sum_{i=1}^{f} \left(\frac{\partial^2 H}{\partial q_i \partial p_i} - \frac{\partial^2 H}{\partial p_i \partial q_i} \right) = 0 \tag{3.44}$$

のように，ゼロになる．つまり，力学系の体積は時間的に変化せず，常に一定に保たれる．

このようにハミルトン系では，相空間内に考えた有限な領域内にある各点

の運動は，その領域の形は変化していくが，その体積は不変に保たれる．これがリウヴィルの定理である．

なお，リウヴィルの定理に従って相空間の体積が一定の力学系を**保存系**とよび，それ以外の力学系を**散逸系**とよぶ．

散 逸 系

散逸系は，抵抗力や摩擦力などによって系のエネルギーが消失する力学系である．そのために，散逸系の位相空間の体積は時間とともにゼロに収束していく．

［例題 3.3］ 減衰振動の相面積

変位 x のおもりに，バネの復元力 kx と速度に比例する抵抗力（粘性減衰力）$c\dot{x}$ がはたらく場合，おもりの運動は

$$m\ddot{x} = -kx - c\dot{x} \tag{3.45}$$

で記述される $(c > 0, k > 0)$．$\omega^2 = k/m, 2\gamma = c/m$ とおくと，(3.45) は

$$\ddot{x} + 2\gamma\dot{x} + \omega^2 x = 0 \tag{3.46}$$

のように表される．

（1） 減衰振動するおもりの運動方程式 (3.46) が

$$\dot{x}(t) = y(t), \qquad \dot{y}(t) = -2\gamma y(t) - \omega^2 x(t) \tag{3.47}$$

の形に表されることを示しなさい．

（2） (3.47) を (3.39) に代入して，相面積 S が

$$S(t) = S(0)\, e^{-2\gamma t} \tag{3.48}$$

のように時間とともに減少することを示しなさい．

［解］ （1） $\dot{x}(t) = y(t)$ とおくと (3.46) は $\dot{y} + 2\gamma y + \omega^2 x = 0$ なので，(3.47) になる．なお，y は t の関数であり定数ではないから，$x = yt$ とはならないことに注意してほしい．

（2） (3.47) を (3.39) に代入すると

$$\frac{\dot{S}(t)}{S(t)} = \frac{\partial \dot{x}}{\partial x} + \frac{\partial \dot{y}}{\partial y} = \frac{\partial y}{\partial x} + \frac{\partial(-2\gamma y - \omega^2 x)}{\partial y} = 0 - 2\gamma = -2\gamma \tag{3.49}$$

となる．これを解くと，(3.48) を得る．したがって，減衰振動するおもりの運動は散逸系であることがわかる． ¶

3.4 正準変換

ハミルトン形式では，座標と運動量を混ぜるような座標変換を考えることができる．この変換がハミルトンの運動方程式（正準方程式）の形を変えないとき，これを**正準変換**という．正準変換をうまく施すと，ハミルトンの運動方程式はずっと解きやすくなる．この解法は物理的に深遠な意味をもつ重要な手法であるが，やや技巧的・抽象的なので，本書で扱う第 4, 5 章の基礎的な問題には使用しない．そのため，この 3.4 節をスキップしても構わない．

正準変換を具体的に説明しよう．まず，自由度 f の系を表す正準変数 q_i, p_i が与えられているとき，ハミルトンの運動方程式

$$\dot{q}_i = \frac{\partial H}{\partial p_i}, \qquad \dot{p}_i = -\frac{\partial H}{\partial q_i} \tag{3.50}$$

は，ハミルトニアン $H(q_i, p_i, t)$ から導かれる．次に，正準変数 q_i, p_i と時間 t の関数である $2f$ 個の新しい変数 Q_i, P_i を

$$Q_i = Q_i(q_1, \cdots, q_f, p_1, \cdots, p_f, t), \qquad P_i = P_i(q_1, \cdots, q_f, p_1, \cdots, p_f, t) \tag{3.51}$$

のような変数変換でつくったとする．この変数 Q_i, P_i が，変換されたハミルトニアン K

$$K = K(Q_i, P_i, t) \tag{3.52}$$

に関して，もとと同じ形 ((3.50)) のハミルトンの運動方程式

$$\dot{Q}_i = \frac{\partial K}{\partial P_i}, \qquad \dot{P}_i = -\frac{\partial K}{\partial Q_i} \tag{3.53}$$

を満たすとき，(3.51) の変数変換 $(q, p) \to (Q, P)$ を正準変換という．

したがって，変数変換 (3.51) が (3.53) を満たす条件を求めることが，これからの問題である．この問題の答えは，ハミルトンの運動方程式を「変形ハミルトンの原理」から導く方法を使えば簡単に求まるので，まず，この方法を説明しよう．

3.4.1 変形ハミルトンの原理

ハミルトンの原理は，ラグランジュの運動方程式を導くときに使った．このときの導き方は，実現される運動経路 $q(t)$ が求まったとして，途中の経路を $q(t)$ から仮想的に δq だけ変位した経路 $q(t) + \delta q$ に対して，作用積分の変化がゼロになるという要請をおいた．このように，ハミルトンの原理は変分 δq に対する計算であるが，これを変分 δp まで含めて拡張したものを**変形ハミルトンの原理**（あるいは**拡張されたハミルトンの原理**）という．

いま，ハミルトニアン H を定義した (3.10) からラグランジアン $L(q, \dot{q}, t)$ を

$$L(q, \dot{q}, t) = p\dot{q} - H(q, p, t) \tag{3.54}$$

のように表し，この L の作用積分にハミルトンの原理を適用する（2.5 節を参照）．つまり，作用積分

$$\begin{aligned} I &= \int_{t_0}^{t_1} L(q, \dot{q}, t)\, dt \\ &= \int_{t_0}^{t_1} \{p\dot{q} - H(q, p, t)\}\, dt \end{aligned} \tag{3.55}$$

が，

$$q' = q + \delta q \tag{3.56}$$
$$p' = p + \delta p \tag{3.57}$$

の変分に対して極値 $\delta I = 0$ をとることを要請して，(3.55) からハミルトンの運動方程式を導こうというのである．

変分 δL は

3.4 正準変換

$$\delta L(q,\dot{q},t) = L(q',\dot{q}',t) - L(q,\dot{q},t) = \{p'\dot{q}' - H(q',p',t)\} - \{p\dot{q} - H(q,p,t)\}$$

$$= (\delta p)\,\dot{q} + p\,(\delta \dot{q}) - \left(\frac{\partial H}{\partial q}\delta q + \frac{\partial H}{\partial p}\delta p\right)$$

$$= -\left(\frac{\partial H}{\partial q}+\dot{p}\right)\delta q + \left(-\frac{\partial H}{\partial p}+\dot{q}\right)\delta p + \frac{d(p\,\delta q)}{dt} \quad (3.58)$$

である．これより，(2.132) に対応するのは

$$\delta I = \left[p\,\delta q\right]_{t_0}^{t_1} + \int_{t_0}^{t_1}\left\{-\left(\frac{\partial H}{\partial q}+\dot{p}\right)\delta q + \left(-\frac{\partial H}{\partial p}+\dot{q}\right)\delta p\right\}dt \quad (3.59)$$

である．積分の上限と下限では $\delta q(t_0) = \delta q(t_1) = 0$ であるから，(3.59) の右辺の 1 項目は消える．ここで，<u>変分 δq と δp は互いに独立で任意である</u>と考えると，$\delta I = 0$ であるためには (3.59) のカッコの中がそれぞれゼロでなければならない．したがって，

$$\dot{q} = \frac{\partial H}{\partial p}, \qquad \dot{p} = -\frac{\partial H}{\partial q} \quad (3.60)$$

を得る．これらは，ハミルトンの運動方程式 (3.50) と同じものである．

ここでの導出過程で気になる点は，q と p を独立変数と考えるところである．図 3.3 (a) の位相空間の軌道の図（(3.24) の楕円の式）からもわかるように，q と p は互いに関係しており，独立ではない．それにもかかわらず，独立変数として取り扱ってよいのはなぜだろうか．

δq と δp を独立変数と考えてよい理由

変分 (3.59) の停留値問題は

$$\delta I = \int_{t_0}^{t_1}(-\alpha\,\delta q + \beta\,\delta p)\,dt \quad (3.61)$$

である．ここで，係数 α と β は

$$\alpha = \frac{\partial H}{\partial q} + \dot{p}, \qquad \beta = -\frac{\partial H}{\partial p} + \dot{q} \quad (3.62)$$

である．δq と δp が互いに独立な変数であれば，(3.61) の解は $\alpha = 0$ と $\beta = 0$ であるが，実際には δq と δp は独立ではないから，この解法は怪しい．

実は，(3.61) の β が δp の値とは無関係に恒等的に $\beta = 0$ になることが，この疑問を解く鍵になる．実際，(3.54) の H を p で偏微分すると

$$\frac{\partial H}{\partial p} = \frac{\partial (p\,\dot{q} - L)}{\partial p} = \dot{q} + p\frac{\partial \dot{q}}{\partial p} - \frac{\partial L}{\partial \dot{q}}\frac{\partial \dot{q}}{\partial p} = \dot{q} + p\frac{\partial \dot{q}}{\partial p} - p\frac{\partial \dot{q}}{\partial p} = \dot{q} \tag{3.63}$$

となるから，$\beta = 0$ になる（途中の計算に $p = \partial L/\partial \dot{q}$ を使った）．一方，(3.61) の1項目の α は δq の係数だから，ハミルトンの原理でゼロになる（q は独立変数であることを忘れないように）．つまり，(3.61) の右辺の α と β は（それぞれの理由は異なるが）ともにゼロになる．したがって，(q, p) の位相空間内での極値問題は，δq と δp を互いに独立な仮想変位と考えて，$\alpha = 0$ と $\beta = 0$ を要請したとしても何も矛盾を生じないことになる．このような考え方が，「変形ハミルトンの原理」の背後にあることを理解してほしい．

3.4.2 母関数

ハミルトンの運動方程式は「変形ハミルトンの原理」から導かれる．したがって，(3.52) のハミルトニアン K を

$$K(Q_i, P_i, t) = P_i \dot{Q}_i - \bar{L}(Q_i, \dot{Q}_i, t) \tag{3.64}$$

で定義する（ただし，この場合のラグランジアンを $\bar{L}$ とする）と，変数 Q, P がハミルトンの運動方程式 (3.53) を満たすためには，これらが

$$\delta \bar{I} = \delta \int_{t_0}^{t_1} \bar{L}\, dt = \delta \int_{t_0}^{t_1} \{P\dot{Q} - K(Q, P, t)\} = 0 \tag{3.65}$$

のように変形ハミルトンの原理を満たせばよいことになる．そのためには，$\bar{L}(Q, \dot{Q}, t)$ を変数変換 (3.51) で書き換えたものが元のラグランジアン $L(q, \dot{q}, t)$ に等しくなっていればよい．つまり，

3.4 正準変換

$[(3.54) の L] = [(3.64) の \bar{L}] \rightarrow p\dot{q} - H(q, p, t) = P\dot{Q} - K(Q, P, t)$
(3.66)

である.

しかし，ここで注意してほしいことは，(3.65) の $\bar{L}$ に関数 W（微分可能な 1 価の連続関数であり，かつ，q_i, Q_i, t を変数とする任意関数）の時間微分を加えても

$$\delta \int_{t_0}^{t_1} \left(\bar{L} + \frac{dW(q, Q, t)}{dt} \right) dt = \delta \int_{t_0}^{t_1} \bar{L}\, dt \qquad (3.67)$$

のように，積分が変わらないことである. なぜならば,

$$\delta \int_{t_0}^{t_1} \frac{dW}{dt}\, dt = \delta \int_{W_0}^{W_1} dW = \delta(W_1 - W_0) = \delta W_1 - \delta W_0 = 0 \quad (3.68)$$

のように，この項はゼロになるからである．ここで，$W_0 = W(Q(t_0), P(t_0), t_0)$ と $W_1 = W(Q(t_1), P(t_1), t_1)$ の変分がゼロ ($\delta W_0 = 0, \delta W_1 = 0$) になるのは，$W_0, W_1$ の値が積分の下限と上限の値で決まっているからである．つまり，W_0, W_1 は積分区間の途中で位相空間のどのような経路を辿ったかには全く依存しないから，変分の停留値とは無関係なのである.

したがって，変数 Q, P がハミルトンの運動方程式 (3.53) を満たすためには，(3.66) の代わりに

$$\boxed{p\dot{q} - H(q, p, t) = P\dot{Q} - K(Q, P, t) + \frac{dW}{dt}} \qquad (3.69)$$

であればよいことがわかる.

関数 W と正準変数との関係を求めるには，この (3.69) を

$$\frac{dW}{dt} = p\dot{q} - P\dot{Q} + K(Q, P, t) - H(q, p, t) \qquad (3.70)$$

のように書き換えた W の全微分 dW/dt か，(3.70) の両辺に dt を掛けた

$$dW = p\, dq - P\, dQ + \{K(Q, P, t) - H(q, p, t)\}\, dt \qquad (3.71)$$

を利用すればよい（dW も全微分という）.

この (3.71) の右辺は, dq, dQ, dt の 1 次式だから, W は q, Q, t の関数 $W(q, Q, t)$ であることがわかる (1.3.2 項の「全微分の見方」を参照). つまり, この全微分 dW は

$$dW(q, Q, t) = \frac{\partial W}{\partial q} dq + \frac{\partial W}{\partial Q} dQ + \frac{\partial W}{\partial t} dt \tag{3.72}$$

である. したがって, (3.69) が成り立つ条件は, (3.72) と (3.71) の右辺が一致するとして得られる, 次の関係式

$$\boxed{P = -\frac{\partial W(q, Q, t)}{\partial Q}, \, p = \frac{\partial W(q, Q, t)}{\partial q}, \, K(Q, P, t) = H(q, p, t) + \frac{\partial W(q, Q, t)}{\partial t}} \tag{3.73}$$

が成り立つことである. なお, (3.51) が t を直接含まないときは, W は $W(q, Q)$ なので $\partial W/\partial t = 0$, したがって $K = H$ となり, ハミルトニアンは不変に保たれる.

正準変換はわかりにくいので, (3.73) の意味をおさらいしておこう. まず, $W(q, Q, t)$ が与えられたとしよう. これを (3.73) の 1 番目の式に代入すると, $P = P(q, Q, t)$ なので, これを $q = \cdots$ と変形して

$$q_i = q_i(Q_i, P_i, t) \tag{3.74}$$

のように q_i の関数形を決める (例えば, (3.78) の $q = P$). 次に, この q_i を (3.73) の 2 番目の式に代入することによって

$$p_i = p_i(Q_i, P_i, t) \tag{3.75}$$

のように p_i の関数形を決める (例えば, (3.78) の $p = -Q$). そして, これら q_i, p_i を (3.73) の 3 番目の式の右辺に用いて

$$K = K(Q_i, P_i, t) \tag{3.76}$$

というように, 新しいハミルトニアン K を Q_i, P_i, t の関数として決定する.

これからわかるように, (3.73) の $W(q, Q, t)$ の形を (例えば, (3.77) のように) 具体的に与えると, 変数 $(q, Q) \to (p, P)$ への変換が決まるから, この $W(q, Q, t)$ のことを変数変換 $(q, Q) \to (p, P)$ の**母関数** (generator) という.

3.4 正準変換

母関数 $W(q, Q, t)$ の例

(3.73) の母関数 $W(q, Q, t)$ を

$$W = -qQ \tag{3.77}$$

とする．このとき，(3.73) より

$$p = \frac{\partial W}{\partial q} = -Q, \qquad P = -\frac{\partial W}{\partial Q} = q \tag{3.78}$$

となる．

これは，図 3.5 (a) の qp 軸を，図 3.5 (b) のように反時計回りに 90 度回転させて，図 3.5 (c) の QP 軸とする変換である．つまり，座標 q が運動量 P になり，運動量 p が座標 Q に変わる．

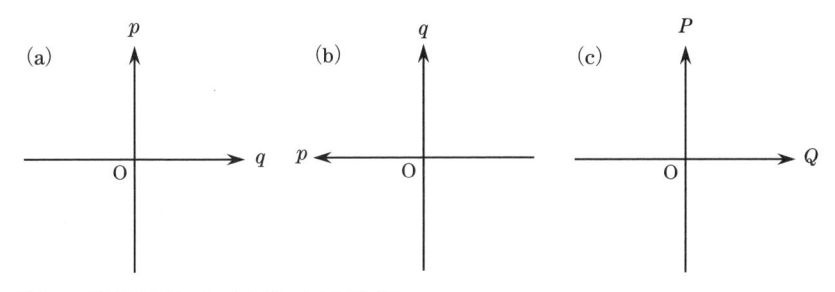

図 3.5 母関数 $W(q, Q, t)$ を使った正準変換
(a) qp 軸の位相平面
(b) (a) の qp 軸を 90 度反時計回りに回転させた位相平面
(c) (b) で $q \to P, p \to -Q$ のおき換えをして QP 平面をつくれば，Q 軸は正の向きを向く．

この例の正準変換は，運動量と座標の完全な入れ替えであるが，もっと一般的な正準変換では，運動量と座標が混ざり合う．ここが，ハミルトン形式がラグランジアン形式より優れている点である．なぜなら，ラグランジアン形式は一般座標 q の間の変数変換だけであり，一般速度 $\dot{q}$ は混ざらないからである．

このように，正準変換では運動量と座標の区別が曖昧になるので，それらを正準変数（正準共役量）とよぶ慣習がある．

母関数の種類

母関数 W の変数は，4 個の正準変数 q, p, Q, P の中の 2 変数からつくられ

るので，4種類の組み合わせ $(W(q,Q,t), W(q,P,t), W(p,Q,t), W(p,P,t))$ がある（この内の1つが (3.73) の $W(q,Q,t)$ である）．$W(q,Q,t)$ 以外の3つの母関数も，$W(q,Q,t)$ を導いたときの考え方や計算法を踏襲すれば，簡単に求めることができる（演習問題 [3.5] と [3.6] を参照）．

演 習 問 題

[3.1] ポテンシャルエネルギー $U(r,\theta)$ の作用を受けて平面運動する質点のラグランジアン L は，(2.63) の

$$L = \frac{1}{2}m\dot{r}^2 + \frac{1}{2}mr^2\dot{\theta}^2 - U(r,\theta) \tag{3.79}$$

である．この L からハミルトニアン H が

$$\boxed{H = \frac{p_r^2}{2m} + \frac{p_\theta^2}{2mr^2} + U(r,\theta)} \tag{3.80}$$

となることを示しなさい．

そして，この H を使って，ハミルトンの運動方程式 (3.2) からニュートンの運動方程式 (2.65) が導かれることを示しなさい．　　　　　　　　[☞ 3.1.1項]

[3.2] 運動エネルギー T が一般速度 $\dot{q}_i$ の2次の同次関数(同次式)である場合，

$$H(q,p) = \sum_{i=1}^{f} \dot{q}_i \frac{\partial T}{\partial \dot{q}_i} - L = T + U \tag{3.81}$$

を示しなさい．ただし，x_i と q_i の関係に直接 t は入らないものとする．

[☞ 3.1.2項]

[3.3] 力学的な物理量（例えば，運動エネルギー，ハミルトニアン，角運動量など）を $F(q_i, p_i, t)$ とする．

（1）F を時間 t で微分すると，ハミルトニアン H を使って

演 習 問 題

$$\boxed{\frac{dF}{dt} = \frac{\partial F}{\partial t} + [F, H]} \tag{3.82}$$

と書けることを示しなさい．ただし，$[F, H]$ は

$$\boxed{[F, H] \equiv \frac{\partial F}{\partial q_i}\frac{\partial H}{\partial p_i} - \frac{\partial F}{\partial p_i}\frac{\partial H}{\partial q_i}} \tag{3.83}$$

で定義される量で，**ポアソンの括弧式**（Poisson's bracket）という．ここで，右辺の添字 i はアインシュタインの規約を使っている（(2.32) の説明を参照）．

（2）$F = H$ で H が t を直接含まない $H(q, p)$ の場合，H は保存量になることを (3.82) から示しなさい．

（3）ハミルトンの運動方程式は

$$\boxed{\dot{q}_i = [q_i, H], \qquad \dot{p}_i = [p_i, H]} \tag{3.84}$$

で与えられることを示しなさい．　　　　　　　　　　　　　　　　[☞ 3.1.2 項]

[3.4] ヤコビアン (3.34) の時間微分が

$$\frac{dJ}{dt} = \left(\frac{\partial \dot{x}}{\partial x} + \frac{\partial \dot{y}}{\partial y}\right)J \tag{3.85}$$

となることを示しなさい．　　　　　　　　　　　　　　　　　　[☞ 3.3.1 項]

[3.5] ハミルトニアン $K = K(Q, P, t)$ に対する，次の 3 種類の母関数を導きなさい．

（1）変数変換 $(q, P) \to (p, Q)$ の母関数 $W'(q, P, t)$ は

$$Q = \frac{\partial W'(q, P, t)}{\partial P}, \quad p = \frac{\partial W'(q, P, t)}{\partial q}, \quad K = H(q, p, t) + \frac{\partial W'(q, P, t)}{\partial t}$$
$$\tag{3.86}$$

（2）変数変換 $(p, Q) \to (q, P)$ の母関数 $W''(p, Q, t)$ は

$$P = -\frac{\partial W''(p, Q, t)}{\partial Q}, \quad q = -\frac{\partial W''(p, Q, t)}{\partial p}, \quad K = H(q, p, t) + \frac{\partial W''(p, Q, t)}{\partial t}$$
$$\tag{3.87}$$

（3）変数変換 $(p, P) \to (q, Q)$ の母関数 $W'''(p, P, t)$ は

$$Q = \frac{\partial W'''(p, P, t)}{\partial P}, \quad q = -\frac{\partial W'''(p, P, t)}{\partial p}, \quad K = H(q, p, t) + \frac{\partial W'''(p, P, t)}{\partial t} \tag{3.88}$$

ただし,
$$W' = W + PQ, \quad W'' = W - pq, \quad W''' = W + PQ - pq \tag{3.89}$$

である. [☞ 3.4.2項]

[3.6] 減衰振動の運動方程式
$$m\ddot{q} + 2m\gamma\dot{q} + m\omega^2 q = 0 \tag{3.90}$$
のラグランジアンは第2章の演習問題 [2.3] で示したように
$$L = \left(\frac{1}{2} m\dot{q}^2 - \frac{1}{2} m\omega^2 q^2\right) e^{2\gamma t} \tag{3.91}$$
で与えられる. 母関数
$$W'(q, P, t) = qP e^{\gamma t} \tag{3.92}$$
の正準変換を利用して, この減衰振動の運動方程式を解こう.

(1) 減衰振動の運動方程式 (3.90) を与えるハミルトンの運動方程式は, [3.5] の正準変換 (3.86) に母関数 (3.92) を使うと
$$\dot{Q} = \frac{P}{m} + \gamma Q, \quad \dot{P} = -m\omega^2 Q - \gamma P \tag{3.93}$$
となることを示しなさい.

(2) ハミルトンの運動方程式 (3.93) を使って, 減衰振動の解が
1. $q(t) = e^{-\gamma t} A \cos(\Omega t + \phi)$ ($\omega > \gamma$ の減衰振動の場合)
2. $q(t) = e^{-\gamma t}(At + B)$ ($\omega = \gamma$ の臨界減衰の場合)
3. $q(t) = e^{-\gamma t}(Ae^{\Omega' t} + Be^{-\Omega' t})$ ($\omega < \gamma$ の過減衰の場合)

で与えられることを示しなさい. ただし, $\Omega = \sqrt{\omega^2 - \gamma^2}, \Omega' = \sqrt{\gamma^2 - \omega^2}$ である. なお, A, B, ϕ は初期条件で決まる定数である. [☞ 3.4.2項]

4. 力学問題へのアプローチ

　私たちの身の回りには，様々な力学的な現象がある．その中には，物体の自由落下や斜面を転がる回転運動のような比較的簡単な運動から，例えば，産業用ロボットの複雑なアームの運動などもある．このような運動をニュートンの運動方程式で取り扱うことは原理的には可能であるが，現実には多くの困難がある．特に，ロボットアームのような多自由度系の運動をニュートンの運動方程式で扱うのは容易ではない．さらに，現実の運動にはいろいろな束縛条件が加わる．このような運動に対して，ラグランジュの運動方程式やハミルトンの運動方程式は威力を発揮する．

　本章では，第2章と第3章で学んだ解析力学の知識を用いて，束縛条件を課せられた力学の問題や，減衰や摩擦をともなう力学の問題などを解析する方法を学ぶ．そのために，最も簡単で，最も基本的な自由度1と自由度2の力学系の問題を考えよう．

4.1　簡単な運動

4.1.1　物体と滑車

― [例題 4.1] ―

　図 4.1 (a) のように，滑らかな机の上に質量 M の物体 A がある．この A に糸を付けて，軽い定滑車を通して他端に質量 m のおもり B を付ける．はじめ，A と B を手で止めておき，静かに手を放した．次に図 4.1 (b) のように，それぞれの静止の位置をそれぞれの原点に定めて，物体 A の変位を x_1，物体 B の変位を x_2 とする．ここで，糸の張力を S，重力加速度を g とする．ただし，糸は伸びないものとして，糸と滑車の質量は無視できるものとする．

114   4. 力学問題へのアプローチ

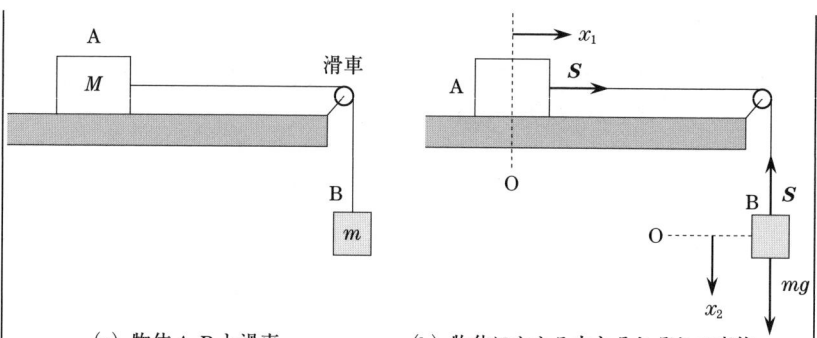

(a) 物体 A, B と滑車　　(b) 物体にかかる力とそれぞれの変位 x_1, x_2

図 4.1　物体と滑車

（1）物体 A と物体 B に対する運動方程式はニュートンの運動方程式 (1.1) より

$$M\ddot{x}_1 = S \tag{4.1}$$

$$m\ddot{x}_2 = mg - S \tag{4.2}$$

となることを示しなさい．そして，物体の加速度の大きさ $\ddot{x}$ が

$$\ddot{x} = \frac{m}{m+M} g \tag{4.3}$$

で，張力の大きさ S が

$$S = \frac{mM}{m+M} g \tag{4.4}$$

となることを示しなさい．

（2）この系のラグランジアン L は

$$L = \frac{M\dot{x}_1^2}{2} + \frac{m\dot{x}_2^2}{2} + mgx_2 \tag{4.5}$$

である．この問題では「糸は伸びない」という条件が束縛条件になる．この条件は，2 つの変位が等しい（$x_1 = x_2$）ことを意味するから，束縛条件式は

$$f = x_1 - x_2 = 0 \tag{4.6}$$

4.1 簡単な運動

となる.

ラグランジュの未定乗数を λ として，ラグランジアン L に束縛条件を加えたラグランジアン L'

$$L' = L + \lambda f = L + \lambda(x_1 - x_2) \tag{4.7}$$

を使って，ラグランジュの運動方程式 (2.145) から

$$\lambda = \frac{mM}{m+M} g \tag{4.8}$$

であることを示しなさい．

〈着眼点と方針〉

(1) の加速度 (4.3) は，$x_1 = x_2 = x$ であることに留意して，ニュートンの運動方程式 (4.1) と (4.2) から S を消去すればよい．

(2) では，ラグランジアン (4.7) をラグランジュの運動方程式 (2.145) に代入して得られる式と，束縛条件式 (4.6) を利用すればよい．

[解] (1) 物体 A にはたらく力は $F_A = S$ であり，物体 B にはたらく力は $F_B = mg - S$ である．したがって，ニュートンの運動方程式は (4.1), (4.2) となる．連立方程式 (4.1) と (4.2) から S を消去して (4.3) を得る．また，(4.3) を (4.1) に代入すると (4.4) を得る．

(2) 物体 A の変位を x_1，物体 B の変位を x_2 とするから，物体 A の運動エネルギーは $T_A = M\dot{x}_1^2/2$ で，物体 B の運動エネルギーは $T_B = m\dot{x}_2^2/2$ である．物体 A のポテンシャルエネルギー U_A は，水平運動で高さが変わらないため $U_A = 0$ である．一方，物体 B のポテンシャルエネルギー U_B ははじめの位置を基準にすると，高さが x_2 だけ変化するから $U_B = -mgx_2$ である．したがって，ラグランジアン $L = T - U = (T_A + T_B) - (U_A + U_B)$ は (4.5) となる．

ラグランジュの運動方程式 (2.145) は

$$\frac{d}{dt}\left(\frac{\partial L'}{\partial \dot{x}_1}\right) = \frac{\partial L'}{\partial x_1} \rightarrow M\ddot{x}_1 = \lambda \tag{4.9}$$

$$\frac{d}{dt}\left(\frac{\partial L'}{\partial \dot{x}_2}\right) = \frac{\partial L'}{\partial x_2} \rightarrow m\ddot{x}_2 = mg - \lambda \tag{4.10}$$

である．これらの運動方程式は (4.1) と (4.2) に一致する．束縛条件式 (4.6) より

$x_1 = x_2 = x$ であるから，λ は (4.9) と (4.10) から (4.8) となる．当然，これは (4.4) の張力 S と同じものである． ¶

　　コメント　張力を求める必要がなければ，はじめから変数 x だけで系のラグランジアンを書けばよい．ラグランジュの運動方程式から x 方向の加速度がすぐに求まる．一方，ラグランジュの未定乗数法を使えば，張力は未定乗数 λ で与えられる．なお，ここで扱った問題は，ハミルトンの運動方程式から解くこともできる（演習問題 [4.1] を参照）．

4.1.2　自由落下

― [例題 4.2] ―

　図 4.2 のように，空中を飛んでいる質点がある．この質点（質量 m）には，下向きの重力 mg だけがはたらいているとする．また，地面を xy 面として x 軸と y 軸をとり，鉛直上向きを z 軸にとる．

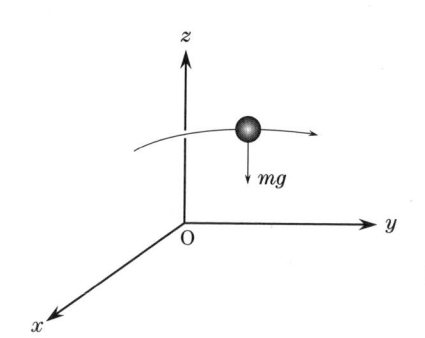

図 4.2　重力 mg を受ける物体の運動

（1）地表（$z = 0$）でのポテンシャルエネルギーをゼロとすると，この運動に対するラグランジアンは

$$L = \frac{m}{2}(\dot{x}^2 + \dot{y}^2 + \dot{z}^2) - mgz \qquad (4.11)$$

で与えられることを示しなさい．

（2）ラグランジュの運動方程式 (2.2) からニュートンの運動方程式は

$$m\ddot{x} = 0, \quad m\ddot{y} = 0, \quad m\ddot{z} = -mg \tag{4.12}$$

であることを示しなさい．

（3）座標 x と y は (4.11) のラグランジアンの中に含まれていないから，循環座標である．循環座標 x と y に対応する運動量

$$p_x = m\dot{x}, \quad p_y = m\dot{y} \tag{4.13}$$

が保存することを示しなさい．

〈着眼点と方針〉

（1）では，高さ z にある質点がもつポテンシャルエネルギーは $U = mgz$ であり，質点の速さは $v = \sqrt{\dot{x}^2 + \dot{y}^2 + \dot{z}^2}$ であることに留意して解けばよい．

（2）では，ラグランジアン (4.11) をラグランジュの運動方程式 (2.2) に代入し，一般座標を $q_1 = x$, $q_2 = y$, $q_3 = z$ として解けばよい．

（3）では，2.2.2 項の循環座標で説明したように，一般運動量 (2.61) が p_x, p_y になることを示せばよい．

[解]（1）質点のポテンシャルエネルギー U の原点は地面（$z = 0$）だから，$U = mgz$ である．質点の速さの2乗は $v^2 = \dot{x}^2 + \dot{y}^2 + \dot{z}^2$ だから，運動エネルギーは

$$T = \frac{mv^2}{2} = \frac{m}{2}(\dot{x}^2 + \dot{y}^2 + \dot{z}^2) \tag{4.14}$$

である．したがって，ラグランジアン L は $L = T - U$ より (4.11) となる．

（2）一般座標を $q_1 = x$, $q_2 = y$, $q_3 = z$ とすれば

$$\left.\begin{array}{lll} \dfrac{\partial L}{\partial \dot{x}} = m\dot{x}, & \dfrac{\partial L}{\partial \dot{y}} = m\dot{y}, & \dfrac{\partial L}{\partial \dot{z}} = m\dot{z} \\[6pt] \dfrac{\partial L}{\partial x} = 0, & \dfrac{\partial L}{\partial y} = 0, & \dfrac{\partial L}{\partial z} = -mg \end{array}\right\} \tag{4.15}$$

である．これらをラグランジュの運動方程式 (2.2) に代入すると (4.12) となる．

（3）ポテンシャルエネルギー U は $U = mgz$ だから，ラグランジアンの中には座標 x と y は含まれない．このため，x, y は循環座標になるので，ラグランジュの運動方程式は

$$\frac{dp_x}{dt} = \frac{\partial L}{\partial x} = 0, \quad \frac{dp_y}{dt} = \frac{\partial L}{\partial y} = 0 \tag{4.16}$$

となる．したがって，p_x と p_y は一定で，運動量は時間が経っても変わらない．つまり，運動量は保存する．この結果は力学で学ぶ**運動量保存則**と同じものである．

¶

コメント x, y 座標が循環座標だから，L は x, y 方向にずらしても変わらない．そのため，それらに対応する運動量が保存量になる．つまり，空間の一様性が運動量保存則に結び付いている．一般に，<u>運動の保存量（運動の恒量ともいう）は系のもつ対称性と密接な関係がある</u>．

4.2 斜面を滑る質点

図 4.3 のような，滑らかな斜面上を質点が滑り降りる問題を，まず，ニュートンの運動方程式で解く．その後で，ラグランジュの運動方程式とラグランジュの未定乗数法を使って解いてみよう．

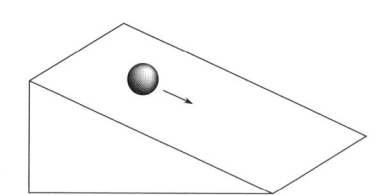

図 4.3 斜面上の質点

4.2.1 ニュートンの運動方程式で解く場合

[例題 4.3]

図 4.4 (a) のように，x 軸の正方向を質点が滑っていく方向にとり，y 軸を斜面に垂直にとる．また，斜面の全長を l，質点の質量を m，質点が斜面から受ける垂直抗力を R とし，重力加速度を g とする．

（1）質点に対する運動方程式は，ニュートンの運動方程式 (1.1) から

$$m\ddot{x} = mg\sin\theta \tag{4.17}$$

4.2 斜面を滑る質点

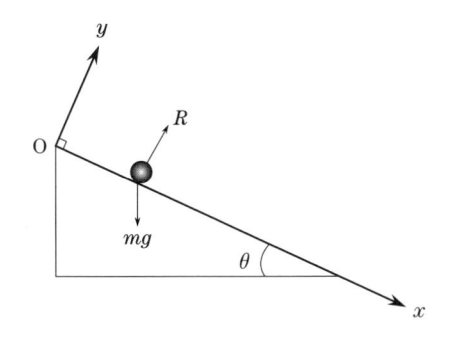

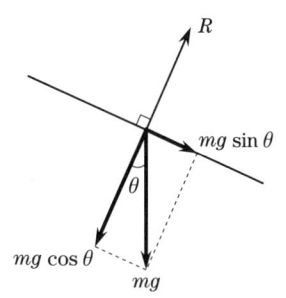

(a) 斜面に沿った x 軸と斜面に垂直な y 軸

(b) 質点にはたらく重力 mg の x, y 成分と垂直抗力 R

図 4.4 斜面を滑る質点

$$m\ddot{y} = R - mg\cos\theta \tag{4.18}$$

であることを示しなさい．

（2） 垂直抗力 R は

$$R = mg\cos\theta \tag{4.19}$$

であることを示しなさい．

〈着眼点と方針〉

（1）では，質点にはたらく力が図 4.4 (b) のように，x 方向は重力の x 成分 $F_x = mg\sin\theta$ であり，y 方向は重力の y 成分 $mg\cos\theta$ と垂直抗力 R の合力 F_y であることに着目して，ニュートンの運動方程式 (1.1) を x, y 成分に分けて書き下せばよい．

（2）では，質点は常に斜面に接したまま滑ること（つまり $y = 0$）に注意して，y 方向の運動方程式を解けばよい．

[解]（1） $F_x = mg\sin\theta$ をニュートンの運動方程式 (1.1) の x 成分の式 $m\ddot{x} = F_x$ に代入すると，(4.17) になる．一方，y 方向の力は y 軸の正の方向に R，負の方向に重力の y 成分がはたらくから，その合力は $F_y = R - mg\cos\theta$ である．したがって，ニュートンの運動方程式 (1.1) の y 成分の式 $m\ddot{y} = F_y$ は (4.18) に

なる．

（2）質点の y 座標は $y=0$ のままであるから，$\ddot{y}=0$ より (4.18) は (4.19) となる．なお，$\ddot{y}=0$ は y 方向に質点が運動しないことを意味している． ¶

4.2.2　ラグランジュの運動方程式で解く場合

──［例題 4.4］──────────────────────────

4.2.1 項と同じ図 4.4 について考える．

（1）x 方向の運動を表すラグランジアン L は

$$L = \frac{1}{2}m\dot{x}^2 - mg(l-x)\sin\theta \tag{4.20}$$

であることを示しなさい．

（2）ラグランジュの運動方程式 (2.2) からニュートンの運動方程式 (4.17) が導かれることを示しなさい．

────────────────────────────────

〈着眼点と方針〉

（1）では，斜面上の質点の位置 x を水平面からの高さ h で表すと，質点のポテンシャルエネルギーは $U = mgh$ で求まる．

（2）では，一般座標を $q_1 = x$ としたラグランジュの運動方程式 (2.2) にラグランジアン (4.20) を代入して計算すればよい．

[解]（1）斜面の上端（原点 O）から測った質点の座標を x とすると，高さ h は $h = (l-x)\sin\theta$ で与えられる．運動エネルギー T は $T = m\dot{x}^2/2$ である．したがって，ラグランジアン $L = T - U$ は (4.20) となる．

（2）ラグランジアン (4.20) をラグランジュの運動方程式 (2.2) に代入すると

$$\left.\begin{array}{l}\dfrac{\partial L}{\partial \dot{x}} = \dfrac{d}{d\dot{x}}\left(\dfrac{1}{2}m\dot{x}^2\right) = m\dot{x},\quad \dfrac{d}{dt}\left(\dfrac{\partial L}{\partial \dot{x}}\right) = m\ddot{x} \\[2mm] \dfrac{\partial L}{\partial x} = \dfrac{d}{dx}\{-mg(l-x)\sin\theta\} = mg\sin\theta \end{array}\right\} \tag{4.21}$$

となるので，運動方程式 (4.17) が導ける． ¶

垂直抗力 R まで求めようとすると，(4.20) のラグランジアンでは無理である．なぜならば，束縛力が運動方程式に入ってこないように，はじめから運動が起こる x 方向だけを一般座標にとっているからである．そこで，垂直抗力を取り込めるラグランジュの未定乗数法を次の例題 4.5 で考えよう．

4.2.3 ラグランジュの未定乗数法で解く場合

― [例題 4.5] ―――――――――――――――――――――

垂直抗力を求めるために，ラグランジュの未定乗数法を使おう．このためには，座標軸を図 4.5 のように，水平方向に x 軸，垂直方向に y 軸をとると，x, y 方向の運動（つまり自由度 2 の運動）を考えることができるので都合がよい．

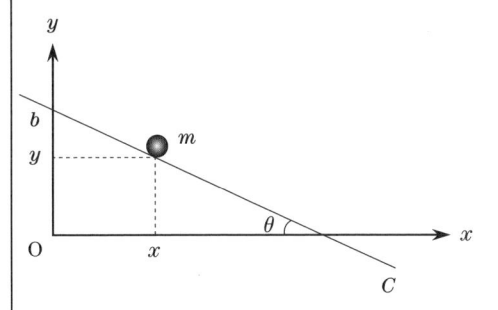

図 4.5　水平方向と鉛直方向にとった x, y 軸と斜面を滑る質点

（1）束縛がない場合，この系のラグランジアン L は

$$L = \frac{m}{2}(\dot{x}^2 + \dot{y}^2) - mgy \tag{4.22}$$

であることを示しなさい．

（2）図 4.5 のように，質点の運動は斜面上を滑るように制限されている．この制限は束縛条件式

$$f(x, y) = x\sin\theta + y\cos\theta - b\cos\theta = 0 \tag{4.23}$$

で表せることを示しなさい．ここで，b は直線 C の y 切片である．

（3）ラグランジュの未定乗数を λ として，(2.144) のようにラグラン

ジアン L'

$$L' = \frac{m}{2}(\dot{x}^2 + \dot{y}^2) - mgy + \lambda f \quad (4.24)$$

をつくる．L' に対するラグランジュの運動方程式 (2.145) から運動方程式が

$$m\ddot{x} = \lambda \sin\theta \quad (4.25)$$
$$m\ddot{y} = -mg + \lambda \cos\theta \quad (4.26)$$

となることを示しなさい．

また，未定乗数 λ は

$$\lambda = mg\cos\theta \quad (4.27)$$

であり，(4.19) の垂直抗力 R と一致することを示しなさい．

〈着眼点と方針〉

（1）では，位置 (x, y) にある質点が束縛を受けずに重力 mg だけを受けて運動していると考えて，ラグランジアンをつくればよい．

（2）では，質点が斜面上を滑るというのは，図 4.5 の斜面を表す直線 C の上を質点が動くのと同じであることに気づけばよい．

（3）では，ラグランジアン (4.24) をラグランジュの運動方程式 (2.145) に代入した式と，束縛条件式 (4.23) を組み合わせれば λ が求まる．

[解]（1）質点の速度 $\boldsymbol{v}$ の x 成分と y 成分は $\dot{x}, \dot{y}$ であるから，運動エネルギー T は $T = (\dot{x}^2 + \dot{y}^2)/2$ である．ポテンシャルエネルギー U は $U = mgy$ である．したがって，ラグランジアン L は $L = T - U$ より (4.22) となる．なお，このラグランジアンは一様な重力を受ける物体の自由落下運動と同じものである（4.1.2 項の自由落下の式 (4.11) を参照）．このように，斜面という束縛条件がなければ（つまり，斜面を消せば），質点の運動は自由落下運動になることに注意しよう．

（2）質点が斜面上にあるというのは，直線 C

$$y = -(\tan\theta)x + b = -\frac{\sin\theta}{\cos\theta}x + b \quad (4.28)$$

に沿って質点が動くことを意味する．この (4.28) を書き換えると，束縛条件 (4.23)

4.2 斜面を滑る質点

になる.

（3） ラグランジュの運動方程式 (2.145) で $q_1 = x, q_2 = y$ とおいて，ラグランジアン (4.24) を代入すると

$$\frac{d}{dt}\left(\frac{\partial L}{\partial \dot{x}}\right) = \frac{\partial L}{\partial x} + \lambda\,\frac{\partial f}{\partial x} \quad \rightarrow \quad m\ddot{x} = \lambda \sin\theta \tag{4.29}$$

$$\frac{d}{dt}\left(\frac{\partial L}{\partial \dot{y}}\right) = \frac{\partial L}{\partial y} + \lambda\,\frac{\partial f}{\partial y} \quad \rightarrow \quad m\ddot{y} = -mg + \lambda \cos\theta \tag{4.30}$$

を得る．3つの未知量 x, y, λ に対して方程式は2つだから，未知量を決めるには方程式が1つ足りない．この不足分を補うために，束縛条件 (4.23) を時間微分して得られる束縛方程式

$$\ddot{x}\sin\theta + \ddot{y}\cos\theta = 0 \tag{4.31}$$

を加える．(4.31) の両辺に m を掛けてから，$m\ddot{x}$ と $m\ddot{y}$ を (4.25) と (4.26) で書き換えると

$$m\ddot{x}\sin\theta + m\ddot{y}\cos\theta = 0 \quad \rightarrow \quad (\lambda\sin\theta)\sin\theta + (-mg + \lambda\cos\theta)\cos\theta = 0 \tag{4.32}$$

となる．(4.32) に $\sin^2\theta + \cos^2\theta = 1$ を使えば，(4.27) を得る． ¶

コメント ニュートンの運動方程式で解くときに図 4.4 (a) のような座標をとったが，図 4.5 と同じ座標をとると，図 4.6 のように力が質点にはたらく．つまり，質点にはたらく力は，重力 mg と垂直抗力 $R = mg\cos\theta$ で，重力は y 成分だけ，R は x, y 成分をもっている．これらの力をニュートンの運動方程式 (1.1) に代入すると

$$m\ddot{x} = (mg\cos\theta)\sin\theta \tag{4.33}$$

$$m\ddot{y} = -mg + (mg\cos\theta)\cos\theta \tag{4.34}$$

となる．これらが (4.25) と (4.26) に対応する．したがって，$\lambda = mg\cos\theta$ であることがわかるだろう．

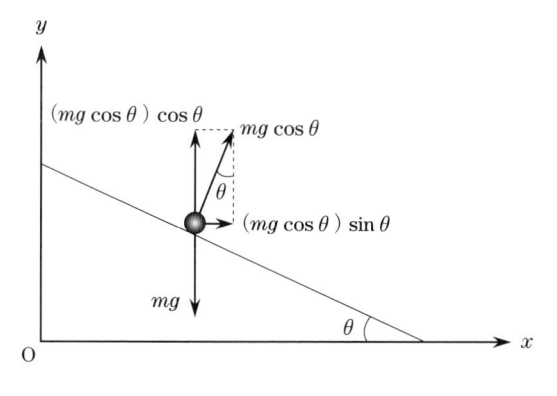

図 4.6 水平方向と鉛直方向にとった x, y 軸と斜面上の質点にはたらく力

|4.1|4.2|**4.3**|4.4|4.5|

4.3 斜面を転がる剛体

図 4.7 (a) のような，傾斜角 θ の斜面を円柱が滑らずに転がっていく問題を，まず，ニュートンの運動方程式で解こう．その後で，ラグランジュの運動方程式とラグランジュの未定乗数法を使って解こう．

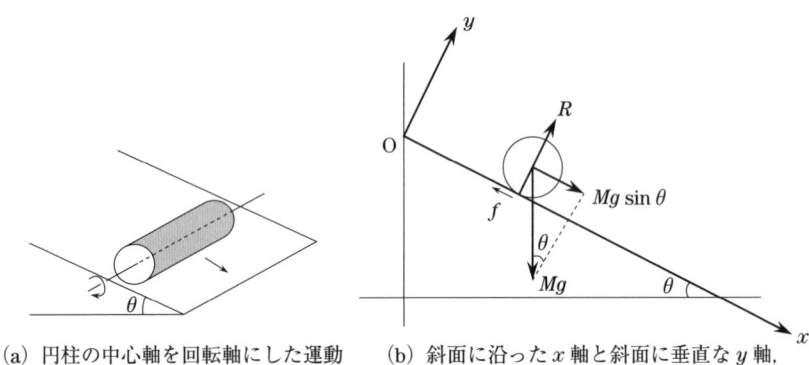

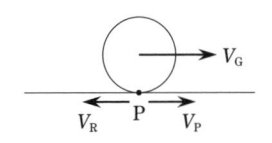

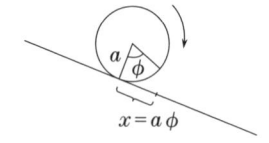

(a) 円柱の中心軸を回転軸にした運動

(b) 斜面に沿った x 軸と斜面に垂直な y 軸，および円柱にはたらく力

(c) 斜面との接点 P での円柱の速度 V_P

(d) 円柱の円弧 $a\phi$ と斜面上の距離 x との関係

図 4.7 斜面を転がる剛体

4.3.1 ニュートンの運動方程式で解く場合

[例題 4.6]

いま，円柱の質量を M，半径を a とする．円柱は一定の角速度 ω で回転し，回転軸 (z 軸) の周りの慣性モーメントは I とする．円柱が転がっていく方向を x 軸の正の方向にとり，斜面に鉛直な上方を y 軸の正の方

4.3 斜面を転がる剛体

向にとる．ただし，重力加速度を g とする．

図 4.7 (b) のように，斜面上の円柱は重力 Mg の x 成分（斜面に平行な成分）$Mg \sin \theta$ によって，x 軸の正の方向に転がる力を受ける．また，円柱には斜面からの垂直抗力 R と，斜面との摩擦による摩擦力 f がはたらいている．

（1）円柱に対する運動方程式はニュートンの運動方程式 (1.1) から

$$M\ddot{x} = Mg \sin \theta - f \tag{4.35}$$

$$M\ddot{y} = R - Mg \cos \theta \tag{4.36}$$

$$I\dot{\omega} = fa \tag{4.37}$$

であることを示しなさい．

（2）円柱には斜面を滑らずに転がるという条件が付いている．この条件は

$$\dot{x} = a\omega \tag{4.38}$$

で表現できることを示しなさい．

（3）斜面を落下する円柱の加速度 $\ddot{x}$ は

$$\ddot{x} = \beta g \sin \theta, \quad \text{ただし} \quad \beta = \frac{M}{M + I/a^2} \tag{4.39}$$

であることを示しなさい．

（4）摩擦力 f は

$$f = \left(\frac{1}{1 + Ma^2/I} \right) Mg \sin \theta \tag{4.40}$$

となることを示しなさい．

〈着眼点と方針〉

（1）では，円柱の重心の並進運動を表すニュートンの運動方程式 (1.1) と，重心を通る z 軸周りの回転運動を表す運動方程式 $\dot{L}_z = N_z$ を使えばよい．ここで，L_z は角運動量，N_z は力のモーメントである．

（2）では，円柱が斜面に接触する点の速度 V_P がゼロであればよいから，$V_P = 0$ を具体的に書き下す．

（3）では，滑らない条件 (4.38) と回転の式 (4.37) を使えば，摩擦力 f が $\ddot{x}$ で書けるので，(4.35) から加速度を求めることができる．

（4）では，摩擦力を加速度を使って書き換えればよい．

[解]（1）円柱にはたらく力は，x 方向に $F_x = Mg\sin\theta - f$ で，y 方向に $F_y = R - mg\cos\theta$ である．円柱の重心 G の座標を (x, y) とすると，円柱の斜面に沿う並進運動はニュートンの運動方程式 (1.1) の $M\ddot{x} = F_x, M\ddot{y} = F_y$ より，(4.35) と (4.36) になる．

一方，重心を通る z 軸の周りの回転運動は，重心 G の周りの角運動量 L_G と力のモーメント（これをトルクともいう）N_G を使って，回転の運動方程式 $\dot{L}_G = N_G$（角運動量の時間変化率がトルクになる）で決まる．いまの場合，$L_G = I\omega, N_G = fa$ であるから，$\dot{L}_G = I\dot{\omega}$ より (4.37) を得る．

ちなみに，回転の運動方程式 $\dot{L}_G = N_G$ は並進の運動方程式 $\dot{p} = F$（運動量の時間変化率が力になる）を回転運動に拡張したものである．

（2）図 4.7(c) のように，円柱と斜面が接触する点 P での円柱の速度 V_P は，回転による速度 V_R と重心の速度 V_G の和である．$V_R = a\omega$ は x の負の方向を向き，$V_G = \dot{x}$ は x の正の方向を向くから

$$V_P = V_G - V_R = \dot{x} - a\omega \tag{4.41}$$

で，$V_P = 0$（接触点 P で滑らない条件）より (4.38) を得る．

（3）摩擦力 f を $\ddot{x}$ で表せたら，(4.35) から加速度 $\ddot{x}$ を求めることができる．そのために，(4.38) を時間 t で微分して $\ddot{x} = a\dot{\omega}$ をつくる．この $\dot{\omega}$ を (4.37) に代入して $I\ddot{x}/a = fa$ とすれば，摩擦力 f は円柱の加速度 $\ddot{x}$ を使って $f = I\ddot{x}/a^2$ となる．この f を (4.35) に代入すると

$$M\ddot{x} = Mg\sin\theta - \frac{I}{a^2}\ddot{x} \tag{4.42}$$

となるので，右辺 2 項目を左辺に移項して $\ddot{x}$ でくくると，(4.39) を得る．

（4）摩擦力 $f = I\ddot{x}/a^2$ に (4.39) の $\ddot{x}$ を代入すれば，(4.40) となる． ¶

4.3.2　ラグランジュの未定乗数法で解く場合

[例題 4.7]

例題 4.6 と同じ問題をラグランジュの未定乗数法を使って考えよう．

4.3 斜面を転がる剛体

（1）図 4.7 (d) のように角度 ϕ をとると，この系のラグランジアン L は

$$L = \frac{1}{2}M\dot{x}^2 + \frac{1}{2}I\dot{\phi}^2 - Mg(l-x)\sin\theta \qquad (4.43)$$

で与えられることを示しなさい．ただし，斜面の全長を l とする．

（2）円柱は斜面を滑らずに転がる．この問題の束縛条件式は

$$f = a\phi - x = 0 \qquad (4.44)$$

になることを示しなさい．

（3）ラグランジュの未定乗数を λ として，ラグランジアン L' を

$$L' = L + \lambda f = L + \lambda(a\phi - x) \qquad (4.45)$$

とする．このラグランジアン L' に対するラグランジュの運動方程式 (2.145) から，運動方程式が

$$M\ddot{x} = Mg\sin\theta - \lambda \qquad (4.46)$$
$$I\ddot{\phi} = \lambda a \qquad (4.47)$$

となることを示しなさい．

（4）ラグランジュの未定乗数 λ は

$$\lambda = \left(\frac{1}{1 + Ma^2/I}\right)Mg\sin\theta \qquad (4.48)$$

となることを示しなさい．

〈着眼点と方針〉

（1）では，円柱の運動エネルギーが重心の並進運動エネルギーと回転運動エネルギーの和であることに留意しよう．円柱のポテンシャルエネルギーは，水平面から重心までの高さ h を使って $U = mgh$ とすればよい．

（2）の「滑らずに転がる」とは，円弧の長さ $a\,\Delta\phi$ と円柱が斜面を転がる距離 Δx が一致することだから，$\Delta x = a\,\Delta\phi$ が成り立てばよい．

(3)では，ラグランジアン(4.45)をラグランジュの運動方程式(2.145)に代入し，一般座標を $q_1 = x$, $q_2 = \phi$ として解けばよい．

(4)では，束縛条件式(4.44)を利用して，4.3.1項の(3)と同じ考え方で解いていけばよい．

[解] (1) 円柱の運動エネルギー T は並進運動 (translational motion) の運動エネルギー $T_t = M\dot{x}^2/2$ と回転運動 (rotational motion) のエネルギー $T_r = I\dot{\phi}^2/2$ の和だから

$$T = T_t + T_r = \frac{1}{2}M\dot{x}^2 + \frac{1}{2}I\dot{\phi}^2 \tag{4.49}$$

である．一方，ポテンシャルエネルギー U は

$$U = Mgh = Mg(l-x)\sin\theta \tag{4.50}$$

である．したがって，ラグランジアン L は(4.43)となる．

(2) $\Delta x = a\Delta\phi$ を $\int dx = \int a\, d\phi$ のように積分すると，$x = a\phi + C$ (C は任意の積分定数)である．$C = 0$ とおくと(4.44)になる ($C \neq 0$ とすると，$f = a\phi - x + C = 0$ となるが，この f を x や ϕ で微分しても $C = 0$ の場合と変わらないことに注意しよう)．

(3) ラグランジアン L' に対するラグランジュの運動方程式(2.145)は，$q_1 = x$ のとき

$$\frac{d}{dt}\left(\frac{\partial L}{\partial \dot{x}}\right) = \frac{\partial L}{\partial x} + \lambda\frac{\partial f}{\partial x} \rightarrow M\ddot{x} = Mg\sin\theta - \lambda \tag{4.51}$$

となるので，(4.46)を得る．また，一般座標を $q_2 = \phi$ とすると(2.145)は

$$\frac{d}{dt}\left(\frac{\partial L}{\partial \dot{\phi}}\right) = \frac{\partial L}{\partial \phi} + \lambda\frac{\partial f}{\partial \phi} \rightarrow I\ddot{\phi} = \lambda a \tag{4.52}$$

となり，(4.47)を得る．

(4) 2つの方程式((4.46)と(4.47))に対して，未知量 x, ϕ, λ は3つであるから，未知量を決めるにはもう1つ方程式が必要である．この方程式として，束縛条件式(4.44)の時間微分によって得られる束縛方程式 $a\dot{\phi} = \dot{x}$ (つまり，$a\omega = \dot{x}$) を用いればよい．しかし，ここで，x 方向の運動方程式(4.46)と(4.35)を比べ，また，回転の運動方程式(4.47)と(4.37)を比べると，λ と f が一致することがわかる．したがって，ラグランジュの未定乗数 λ は摩擦力(4.40)と同じものである． ¶

コメント 円柱の慣性モーメント $I = Ma^2/2$ を入れると，加速度は $\ddot{x} = (2/3)g\sin\theta$ で，摩擦力は $f = (1/3)Mg\sin\theta$ である．したがって，円柱は摩擦

のない斜面を滑り落ちる場合の 2/3 の加速度で斜面を転がりながら落ちていく．斜面の上端（原点 $x = 0$）から斜面の下端 ($x = l$) まで到達したとき，円柱の速さは $v = 2\sqrt{(lg\sin\theta)/3}$ である（演習問題 [4.2] を参照）．

4.4 ロボットアームの力学

産業用ロボットは様々な領域で使われている．特に，産業用ロボットアームはその手先で様々な作業を決められた手順に従って行なう．図 4.8 (a) のように，ロボットアームはたくさんのジャンクション（回転関節）とアクチュエータ（筋肉に相当する部分で，サーボモータなどを使う）から構成されるので，それらの運動は複雑な多自由度系の運動になる．このような運動の解析には，解析力学が威力を発揮する．

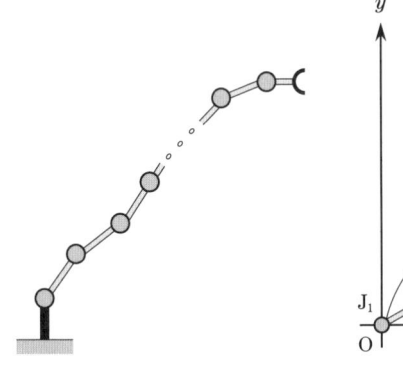

(a) 多くの回転関節をもった
　　ロボットアーム

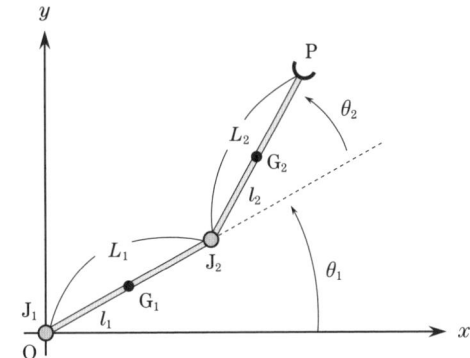

(b) 回転関節 J_1, J_2 をもつロボットアーム
　　の座標 θ_1, θ_2

図 4.8　ロボットアームの運動

― [例題 4.8] ―

図 4.8 (b) のように，2 つの回転関節 J_1, J_2 をもつロボットアームを考える．第 1 アームの回転関節 J_1 は頑丈な土台に固定され，第 1 アーム先端の回転関節 J_2 を介して第 2 アームが連結されている．一般座標は

関節の変位を表す角度 θ_1, θ_2 とする．角度は無次元量であるから，この一般座標に対応する一般力は力のモーメント（トルク）になる（2.3.1 項の「一般力の次元」を参照）．

第 1 アームは回転関節 J_1 に取り付けられたアクチュエータから τ_1 の駆動トルク（ロボットアームを駆動させるための力で，この場合は力のモーメント（トルク）である）を受け，第 2 アームは回転関節 J_2 に取り付けられたアクチュエータから τ_2 の駆動トルクを受けるとする．また，それぞれのアームの J_1, J_2 の周りでの慣性モーメントを I_1, I_2 とする．

（1）この系のラグランジアン L は

$$L = \frac{1}{2}(m_1 l_1^2 + I_1 + m_2 L_1^2)\dot{\theta}_1^2 + \frac{1}{2}(m_2 l_2^2 + I_2)(\dot{\theta}_1 + \dot{\theta}_2)^2$$
$$+ m_2 L_1 l_2 C_2 \dot{\theta}_1 (\dot{\theta}_1 + \dot{\theta}_2) - m_1 g l_1 S_1 - m_2 g (L_1 S_1 + l_2 S_{12})$$
$$(4.53)$$

で与えられることを示しなさい．ただし，C_i, S_i, C_{ij}, S_{ij} は

$$C_i = \cos\theta_i, \quad S_i = \sin\theta_i, \quad C_{ij} = \cos(\theta_i + \theta_j), \quad S_{ij} = \sin(\theta_i + \theta_j)$$
$$(4.54)$$

の略記である．

（2）回転関節 J_1 から第 1 アームに伝わる駆動トルク τ_1 と回転関節 J_2 から第 2 アームに伝わる駆動トルク τ_2 は

$$\tau_1 = [I_1 + m_1 l_1^2 + I_2 + m_2(L_1^2 + l_2^2 + 2L_1 l_2 C_2)]\ddot{\theta}_1$$
$$+ [I_2 + m_2(l_2^2 + L_1 l_2 C_2)]\ddot{\theta}_2 - m_2 L_1 l_2 S_2 (2\dot{\theta}_1\dot{\theta}_2 + \dot{\theta}_2^2)$$
$$+ m_1 g l_1 C_1 + m_2 g (L_1 C_1 + l_2 C_{12}) \tag{4.55}$$

$$\tau_2 = [I_2 + m_2(l_2^2 + L_1 l_2 C_2)]\ddot{\theta}_1 + (I_2 + m_2 l_2^2)\ddot{\theta}_2$$
$$+ m_2 L_1 l_2 S_2 \dot{\theta}_1^2 + m_2 g l_2 C_{12} \tag{4.56}$$

であることを示しなさい．

4.4 ロボットアームの力学

〈着眼点と方針〉

(1)では,第1アームの運動エネルギー T_1 は質量中心 G_1 の並進の運動エネルギーと回転関節 J_1 の周りの回転の運動エネルギーの和であり,ポテンシャルエネルギーは $U_1 = m_1 g y_1$ であるから,第1アームのラグランジアンは $T_1 - U_1$ である.同様にして,第2アームのラグランジアン $T_2 - U_2$ をつくり, $L = T_1 + T_2 - U_1 - U_2$ を求めればよい.

(2)では,回転関節 J_1, J_2 にはたらく力を考慮する必要があるので,一般力 Q_i' の入っているラグランジュの運動方程式(2.3)にラグランジアン(4.53)を代入して, Q_i' を求めればよい.このとき,一般座標は角度なので, Q_i' は力のモーメント(トルク)を表していることに注意しよう.

[解] (1) 第1アーム(質量 m_1)の質量中心 G_1 までの距離を l_1 とすると,質量中心 G_1 の座標 (x_1, y_1) は

$$x_1 = l_1 \cos \theta_1, \qquad y_1 = l_1 \sin \theta_1 \tag{4.57}$$

である. θ_1 は x 軸から測った第1アームの回転角である.運動エネルギー T_1 は並進運動のエネルギーと回転運動のエネルギーの和

$$T_1 = \frac{m_1}{2} l_1^2 \dot{\theta}_1^2 + \frac{1}{2} I_1 \dot{\theta}_1^2 \tag{4.58}$$

である. I_1 は回転関節 J_1 の周りでの慣性モーメントである.ポテンシャルエネルギー U_1 は

$$U_1 = m_1 g y_1 = m_1 g l_1 \sin \theta_1 \tag{4.59}$$

である.

一方,第2アーム(質量 m_2)の質量中心 G_2 の座標 (x_2, y_2) は, J_2 からの距離を l_2 とすると

$$x_2 = L_1 \cos \theta_1 + l_2 \cos(\theta_1 + \theta_2), \qquad y_2 = L_1 \sin \theta_1 + l_2 \sin(\theta_1 + \theta_2) \tag{4.60}$$

である. θ_2 は, J_1 と J_2 を結ぶ直線から測った第2アームの回転角である.質量中心 G_2 の速さを v_2 とすると,運動エネルギー T_2 は

$$T_2 = \frac{m_2}{2} v_2^2 + \frac{1}{2} I_2 (\dot{\theta}_1 + \dot{\theta}_2)^2 \tag{4.61}$$

である.ただし, v_2^2 は

$$v_2^2 = \dot{x}_2^2 + \dot{y}_2^2 = L_1^2 \dot{\theta}_1^2 + l_2^2 (\dot{\theta}_1 + \dot{\theta}_2)^2 + 2 L_1 l_2 \dot{\theta}_1 (\dot{\theta}_1 + \dot{\theta}_2) \cos \theta_2 \tag{4.62}$$

である．I_2 は回転関節 J_2 の周りでの慣性モーメントである．ポテンシャルエネルギー U_2 は

$$U_2 = m_2 g y_2 = m_2 g L_1 \sin \theta_1 + m_2 g l_2 \sin(\theta_1 + \theta_2) \quad (4.63)$$

である．

以上より，ラグランジアン $L = (T_1 + T_2) - (U_1 + U_2)$ は (4.53) となる．

（2） 保存力ではない力の一般力 Q_i' を問題にするから，(2.3) のラグランジュの運動方程式を使う．$q_1 = \theta_1$, $q_2 = \theta_2$ なので，(2.3) は

$$\frac{d}{dt}\left(\frac{\partial L}{\partial \dot{\theta}_1}\right) = \frac{\partial L}{\partial \theta_1} + Q_1', \qquad \frac{d}{dt}\left(\frac{\partial L}{\partial \dot{\theta}_2}\right) = \frac{\partial L}{\partial \theta_2} + Q_2' \quad (4.64)$$

であるが，一般座標は角度 θ で無次元量だから，一般力 Q_i' はトルク τ_i になる．つまり，この問題では $Q_1' = \tau_1$, $Q_2' = \tau_2$ である．(4.64) にラグランジアン (4.53) を代入して計算すると，(4.55) と (4.56) を得る． ¶

アームの動き

ロボットアームを目的通りに動かすには，適切な大きさのトルクをジャンクションに与えなければならない．その手順を考えてみよう．

いま，図 4.9(a) のようなアームの軌道 C を考える．この軌道に沿って A から B まで第 2 アームの先端 P を動かすには，まず軌道 C の形を指定するためのデータとして，アームの角度 θ_1, θ_2 の値を図 4.9(b)〜図 4.9(d) のように各点ごとに読みとる（実際には，動きをもっと細かくとって，滑らかな動きが再現できるように大量のデータをとる）．

次に，アームの動き（速度や加速度）を設定するために，これらのデータから各点ごとの角速度 $\dot{\theta}_1, \dot{\theta}_2$ と角加速度 $\ddot{\theta}_1, \ddot{\theta}_2$ を決める．

これらの値 $\theta_i, \dot{\theta}_i, \ddot{\theta}_i$ を入力に使って，運動方程式 (4.55) と (4.56) からトルク τ_1 と τ_2 を計算する．このトルクの値が，アームをその形状に保つために必要な力である．つまり，アクチュエータを使って，このトルクをアームに与えれば，ロボットアームは図 4.9(a) の設計軌道に沿って自動的に動くことになる．

コメント ここで示した方法は，ロボットアームを目標位置まで駆動させるため，目標の運動軌道を実現させる入力を決定するという問題と見なすことがで

4.5 クレーンの運動

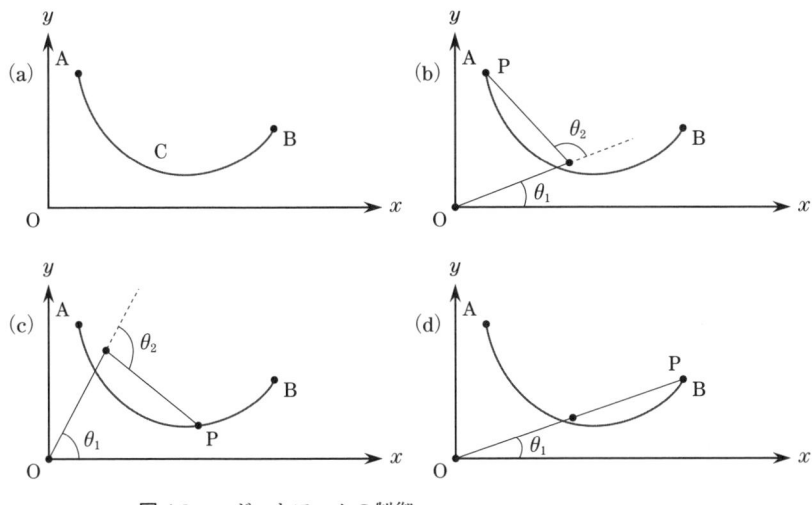

図 4.9 ロボットアームの制御
(a) ロボットアームの設計軌道 C
(b) 始点 A にロボットアームの先端 P がある状態
(c) ロボットアームの先端 P が軌道 C の途中にある状態
(d) 終点 B にロボットアームの先端 P が到達した状態

きる．これは，運動方程式をふつうに解いて，その解の時間発展を調べる問題（これを順動力学問題という）とは異なるので，ロボット工学では逆動力学問題とよばれている．

4.5 クレーンの運動

── [例題 4.9] ──────────────

天井を走行するクレーン（天井走行クレーンという）は様々な産業分野で広く利用されている．天井走行クレーンで吊り荷を搬送するときの装置を簡単に描いたものが図 4.10 (a) である．

図 4.10 (a) において，クレーン本体が台車（質量 M）であり，荷を吊す棒（長さ $2l$，質量 m）の上端（ここを支点 P とする）が台車に取り付

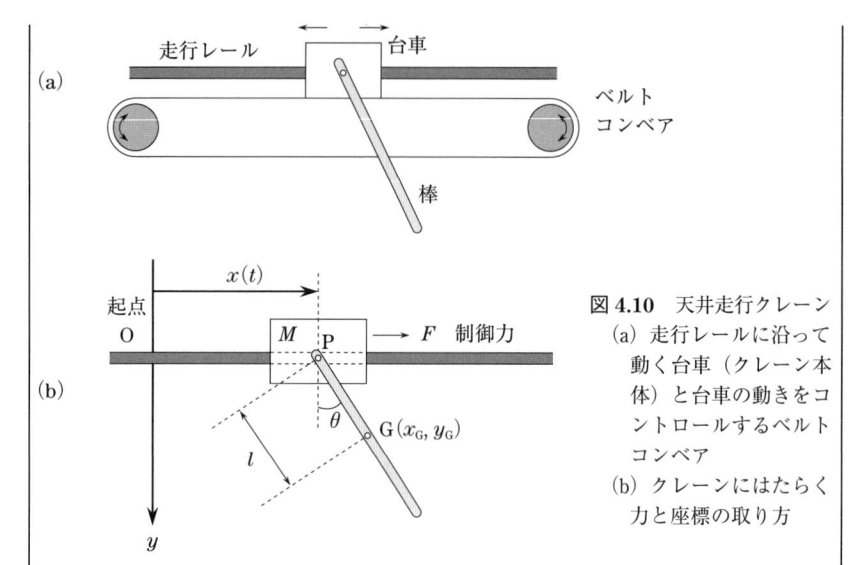

図 4.10 天井走行クレーン
(a) 走行レールに沿って動く台車（クレーン本体）と台車の動きをコントロールするベルトコンベア
(b) クレーンにはたらく力と座標の取り方

られている．図 4.10(b) のように，台車には制御力 F がはたらき，x 方向だけに動く．支点 P の周りの棒の慣性モーメントを I とする．棒と鉛直線のなす角を θ，支点 P の変位を x とすると，棒の重心の座標 (x_G, y_G) は

$$x_G = x + l\sin\theta, \qquad y_G = l\cos\theta \tag{4.65}$$

で与えられる．

（1）この系のラグランジアン L は

$$L = \frac{1}{2}M\dot{x}^2 + \frac{1}{2}I\dot{\theta}^2 + \frac{1}{2}m(\dot{x}^2 + 2l\dot{x}\dot{\theta}\cos\theta + l^2\dot{\theta}^2)$$
$$- mgl(1 - \cos\theta) \tag{4.66}$$

であることを示しなさい．

（2）棒の上端の支点 P に $-b\dot{\theta}$ の減衰力がはたらき，台車にも $-c\dot{x}$ の減衰力がはたらくとする．このとき，これらの減衰力は 2.3.2 項で述べた散逸関数 D を

4.5 クレーンの運動

$$D = \frac{1}{2} b\dot{\theta}^2 + \frac{1}{2} c\dot{x}^2 \tag{4.67}$$

とおけば求まることを示しなさい．

（3） 一般力と減衰力がはたらくクレーンの運動方程式は

$$(M + m)\ddot{x} + ml\ddot{\theta}\cos\theta - ml\dot{\theta}^2\sin\theta + c\dot{x} = F \tag{4.68}$$

$$(ml^2 + I)\ddot{\theta} + ml\ddot{x}\cos\theta + mgl\sin\theta + b\dot{\theta} = 0 \tag{4.69}$$

で与えられることを示しなさい．

〈着眼点と方針〉

（1）では，台車の並進運動と棒の運動（並進と回転）に対して，対応する運動エネルギーとポテンシャルエネルギーを計算して，ラグランジアンをつくればよい．

（2）では，減衰力は2つとも粘性減衰力なので，(2.109)の散逸関数の定義と一般力(2.110)を使って計算すればよい．

（3）では，ラグランジアン(4.66)をラグランジュの運動方程式(2.3)に代入して計算すればよい．

[解] （1） 棒の重心の速度成分 $(\dot{x}_G, \dot{y}_G)$ は (4.65) の座標 x_G, y_G の時間微分より
$$\dot{x}_G = \dot{x} + l\dot{\theta}\cos\theta, \qquad \dot{y}_G = -l\dot{\theta}\sin\theta \tag{4.70}$$
である．重心の速さ v_G の2乗は $v_G^2 = \dot{x}_G^2 + \dot{y}_G^2$ であるから，棒の並進運動の運動エネルギーは $mv_G^2/2$ である．また，棒の回転運動の運動エネルギーは $I\dot{\theta}^2/2$ だから，棒の運動エネルギー T_1 は

$$T_1 = \frac{1}{2} mv_G^2 + \frac{1}{2} I\dot{\theta}^2 = \frac{1}{2} m (\dot{x}_G^2 + \dot{y}_G^2) + \frac{1}{2} I\dot{\theta}^2 \tag{4.71}$$

である．台車の並進運動による運動エネルギー $T_2 = M\dot{x}^2/2$ を合わせると，クレーンの運動エネルギー T は

$$T = T_1 + T_2 = \frac{1}{2} M\dot{x}^2 + \frac{1}{2} I\dot{\theta}^2 + \frac{1}{2} m \left(\dot{x}^2 + 2l\dot{x}\dot{\theta}\cos\theta + l^2\dot{\theta}^2 \right) \tag{4.72}$$

である．

一方，ポテンシャルエネルギー U は棒の重心がもつポテンシャルエネルギー $U = mgl(1 - \cos\theta)$ である．したがって，ラグランジアン $L = T - U$ は (4.66) となる．

(2) 散逸関数の定義 (2.109) に従えば，この問題の散逸関数 D は (4.67) で与えられる．これを (2.110) に代入して一般力を求めると

$$-\frac{\partial D}{\partial \dot{x}} = -c\dot{x}, \qquad -\frac{\partial D}{\partial \dot{\theta}} = -b\dot{\theta} \tag{4.73}$$

となるので，減衰力が正しく導かれる．

(3) 制御力 F は x 方向なので，ラグランジュの運動方程式 (2.4) の Q_i' が $Q_x' = F, Q_\theta' = 0$ となることに注意しよう．(2.4) で，一般座標を $q_1 = x, q_2 = \theta$ とおいた

$$\frac{d}{dt}\left(\frac{\partial L}{\partial \dot{x}}\right) = \frac{\partial L}{\partial x} - \frac{\partial D}{\partial \dot{x}} + Q_x' \tag{4.74}$$

$$\frac{d}{dt}\left(\frac{\partial L}{\partial \dot{\theta}}\right) = \frac{\partial L}{\partial \theta} - \frac{\partial D}{\partial \dot{\theta}} \tag{4.75}$$

に L, D, Q_x' を代入して計算すると，(4.68) と (4.69) を得る． ¶

コメント クレーンの運動方程式 (4.68) と (4.69) は x と θ に関する連立微分方程式で複雑な形をしている．このような場合，θ を非常に小さいとして，$\cos\theta \approx 1, \sin\theta \approx \theta$ や $\dot{\theta}^2 \approx 0$ と近似する（これを**線形近似**という）と方程式の構造が見やすくなる．クレーンの運動方程式を線形近似すると，それらは強制振動の運動方程式と見なせることがわかる（演習問題 [4.5] と 5.2.1 項を参照）．

ちなみに，図 4.10 (b) を逆さにすると，**逆立ち振り子**と同じ構造になることに注意しよう．実際，運動方程式 (4.68) と (4.69) は逆立ち振り子のモデル方程式としても使うことができる．

演 習 問 題

[4.1] 4.1.1 項の「物体と滑車」の問題で考えた系のハミルトニアン H を求めなさい．そして，ハミルトンの運動方程式から運動方程式 (4.1) と (4.2) を導きな

[4.2] 図 4.7 (b) のような斜面の上端(原点 $x = 0$)に置いた円柱(質量 M,半径 a,慣性モーメント $I = Ma^2/2$)が,滑らずに転がって斜面の下端 ($x = l$) まで到達した.このときの速さが $v = 2\sqrt{(lg\sin\theta)/3}$ となることを示しなさい.

[☞ 4.3 節]

[4.3] 図 4.11 (a) のように,回転している針金(半径 a)のループに沿ってビーズ (beads) が運動している.ただし,ループ表面は滑らかで,ビーズとの間に摩擦はないとする.なお,ビーズとは,細い針金や糸を通す孔がついたガラス製の玉のことである.

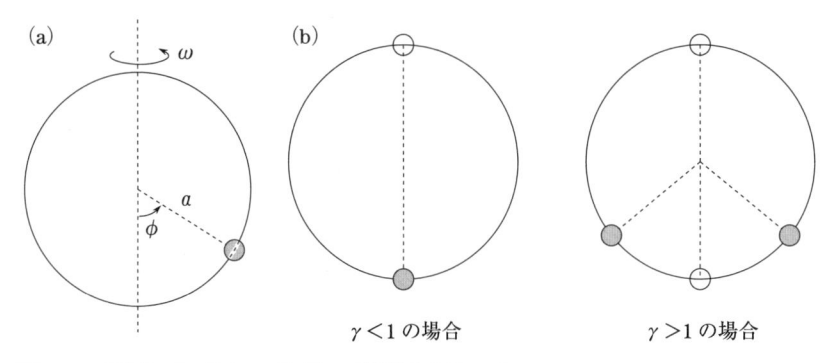

図 4.11 回転しているループに沿って運動するビーズ
(a) ビーズとループ
(b) $\gamma < 1$ と $\gamma > 1$ の場合の固定点.灰色の丸は安定な固定点,白丸は不安定な固定点を表す.

(1) 角度 ϕ を図 4.11 (a) のようにとると,この系のラグランジアン L は

$$L = \frac{m}{2}(a^2\dot{\phi}^2 + a^2\omega^2\sin^2\phi) - mga(1 - \cos\phi) \qquad (4.76)$$

で,運動方程式は

$$ma^2\ddot{\phi} = -mga\sin\phi + ma^2\omega^2\sin\phi\cos\phi \qquad (4.77)$$

であることを示しなさい.

(2) ループが一定の角速度 ω で回転して ($\ddot{\phi} = 0$),ビーズはループに相対的に

$\phi = \phi^*$ という位置で静止しているとしよう．このような運動を**定常運動**という．ビーズの静止位置（これを**固定点**（fixed point）あるいは**平衡点**という）が，図 4.11 (b) のように

$$\phi^* = 0, \pi \qquad (\gamma < 1 \text{ の場合}) \qquad (4.78)$$

$$\phi^* = 0, \pi, \pm\cos^{-1}\frac{1}{\gamma} \qquad (\gamma \geq 1 \text{ の場合}) \qquad (4.79)$$

となることを示しなさい．ここで，パラメータ γ は

$$\gamma = \frac{a\omega^2}{g} \qquad (4.80)$$

で定義されている．

なお，安定な固定点と不安定な固定点の意味は，問 (3) の解を参照してほしい．

(3) $\phi^* = 0$ 付近の微小振動の角度を $\phi = \phi^* + \varepsilon = \varepsilon$ (ε は微小量) とすると，周期が $\gamma < 1$ のとき，

$$T = \frac{2\pi}{\sqrt{\dfrac{g}{a}(1-\gamma)}} \qquad (4.81)$$

で与えられることを示しなさい． [☞ 2.2.1 項]

[4.4] 図 4.12 (a) のように，慣性系（地上に固定されている座標系）の x, y, z 軸がある．そして，この z 軸を回転軸にして回転する円板がある．円板上には x', y' 軸が書かれており，それらは時刻 $t = 0$ のとき x, y 軸に一致している．この円板が一定の角速度 ω で回転するとき，円板上の質点（質量 m）の運動を考えよう．なお，図 4.12 (b) のように，x, y 軸とそれらに対して θ だけ傾いた x', y' 軸の間には $x = x'\cos\theta - y'\sin\theta$ と $y = x'\sin\theta + y'\cos\theta$ の関係がある．

(1) この質点に外力がはたらいていないとき，慣性系における質点の運動エネルギー $T = m(\dot{x}^2 + \dot{y}^2)/2$ は，回転座標系で

$$T = \frac{m}{2}(\dot{x}'^2 + \dot{y}'^2) + m\omega(x'\dot{y}' - y'\dot{x}') + \frac{m}{2}\omega^2(x'^2 + y'^2) \qquad (4.82)$$

となることを示しなさい．

演習問題   139

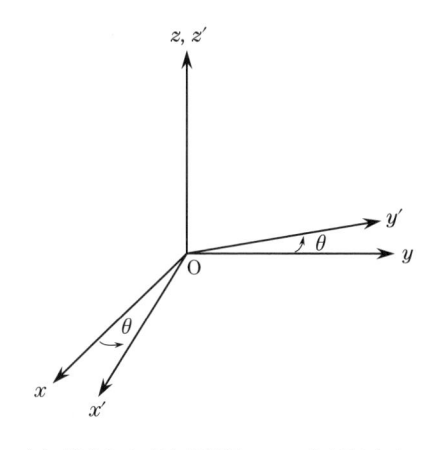

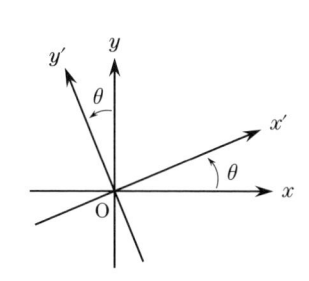

(a) 静止した直交座標軸 x, y, z と回転する　　(b) x, y 軸と x', y' 軸との関係
　　直交座標軸 x', y', z'

図 **4.12**　回転座標系

（2）ラグランジュの運動方程式 (2.2) から，運動方程式は

$$m\ddot{x}' = 2m\omega\dot{y}' + m\omega^2 x' \tag{4.83}$$

$$m\ddot{y}' = -2m\omega\dot{x}' + m\omega^2 y' \tag{4.84}$$

となることを示しなさい.　　　　　　　　　　　　[☞　2.2.1 項]

[4.5]　天井走行クレーンの運動方程式 (4.68) と (4.69) を線形近似すると，運動方程式は

$$(M + m)\ddot{x} + c\dot{x} = F - ml\ddot{\theta} \tag{4.85}$$

$$(ml^2 + I)\ddot{\theta} + b\dot{\theta} + mgl\theta = -ml\ddot{x} \tag{4.86}$$

となることを示しなさい. ただし，線形近似とは θ を非常に小さいと仮定して，$\dot{\theta}^2$ のような 2 次以上の項を無視する（ゼロにおく）近似のことである.

[☞　4.5 節]

5. 振動問題へのアプローチ

　私たちの身の回りには振動をともなう多くの現象がある．自動車や電車の揺れ，地震や強風による建物の揺れなどから，音波，電波の波動に至るまで，すべて振動現象である．このように，振動現象は一般的であり，普遍的な現象である．

　本章では，第2章と第3章で学んだ解析力学の知識を用いて，様々な振動現象を理解し解析する方法を学ぼう．そのために，最も簡単で，最も基本的な自由度1と自由度2の振動系の問題を取り扱う．

5.1　いろいろな振り子

5.1.1　単振り子

［例題 5.1］

　図 5.1 (a) のように，鉛直な xy 平面内で単振り子が振動している．単振り子の長さは l で，おもりの質量は m である．例題 1.2 で扱った単振り子と同じものであるが，ここでは張力も考慮した計算をしよう．

　(1) いま仮に，棒の長さも変わり得るとして，図 5.1 (b) のように棒の長さを変数 r で表すと，単振り子の運動は r, θ の変数で表される．このとき，単振り子のラグランジアン L は

$$L = \frac{m}{2}(\dot{r}^2 + r^2\dot{\theta}^2) + mgr\cos\theta \tag{5.1}$$

であることを示しなさい．ただし，質点のポテンシャルエネルギー U は $x=0$ を基準点（$U=0$）とする．

　(2) おもりにはたらく力は，図 5.1 (b) のように重力 mg と張力 S の

5.1 いろいろな振り子

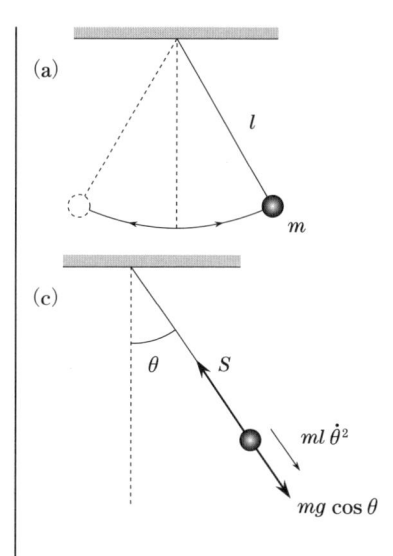

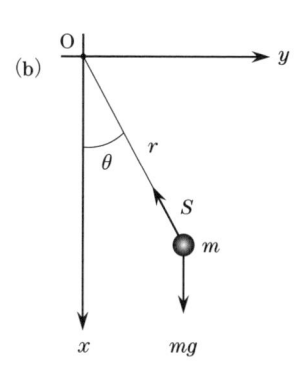

図 5.1 単振り子の運動
(a) 長さ l の単振り子
(b) 単振り子にかかる重力 mg と張力 S
(c) 張力 S とつり合う遠心力と重力の合力

2つである．張力 S の x, y 成分 (F_x, F_y) は
$$F_x = -S\cos\theta, \qquad F_y = -S\sin\theta \tag{5.2}$$
である．この張力は保存力ではないから，それに対応する一般力を Q'_r, Q'_θ とすると，ラグランジュの運動方程式 (2.3) は

$$\frac{d}{dt}\left(\frac{\partial L}{\partial \dot{r}}\right) = \frac{\partial L}{\partial r} + Q'_r \tag{5.3}$$

$$\frac{d}{dt}\left(\frac{\partial L}{\partial \dot{\theta}}\right) = \frac{\partial L}{\partial \theta} + Q'_\theta \tag{5.4}$$

となる．これらの式に，単振り子であるという条件 $r = l$ を課すと，運動方程式

$$ml\dot{\theta}^2 + mg\cos\theta = S \tag{5.5}$$
$$ml^2\ddot{\theta} = -mgl\sin\theta \tag{5.6}$$

が導かれることを示しなさい．

(3) 今度は，ラグランジュの未定乗数法を使って，運動方程式 (5.5) と (5.6) を求めてみよう．

単振り子であるという束縛条件式は
$$f(r) = r - l = 0 \tag{5.7}$$
だから，ラグランジアン L に束縛条件を加えたラグランジアン L' を
$$L' = L + \lambda f = \frac{m}{2}(\dot{r}^2 + r^2\dot{\theta}^2) + mgr\cos\theta + \lambda f \tag{5.8}$$
とする．ラグランジュの運動方程式 (2.146)
$$\frac{d}{dt}\left(\frac{\partial L}{\partial \dot{r}}\right) = \frac{\partial L}{\partial r} + \lambda \frac{\partial f}{\partial r} \tag{5.9}$$
$$\frac{d}{dt}\left(\frac{\partial L}{\partial \dot{\theta}}\right) = \frac{\partial L}{\partial \theta} + \lambda \frac{\partial f}{\partial \theta} \tag{5.10}$$
から，(5.5) と (5.6) が導かれることを示しなさい．また，未定乗数は
$$\lambda = -S \tag{5.11}$$
であることを示しなさい．

(4) 単振り子のラグランジアン
$$L = \frac{m}{2}l^2\dot{\theta}^2 + mgl\cos\theta \tag{5.12}$$
から，ハミルトニアン H
$$H = \frac{p_\theta^2}{2ml^2} - mgl\cos\theta \tag{5.13}$$
を導きなさい．ここで，p_θ は θ に共役な運動量
$$p_\theta = \frac{\partial L}{\partial \dot{\theta}} = ml^2\dot{\theta} \tag{5.14}$$
である．

(5) ハミルトニアンは系の全エネルギー E に等しい．そのため，$H = E$ とハミルトニアン (5.13) を使うと，図 5.2 (a) のように，θ, p_θ を軸とする位相空間でエネルギーの等高線（これを**トラジェクトリー**という）が描けることを示しなさい．

5.1 いろいろな振り子

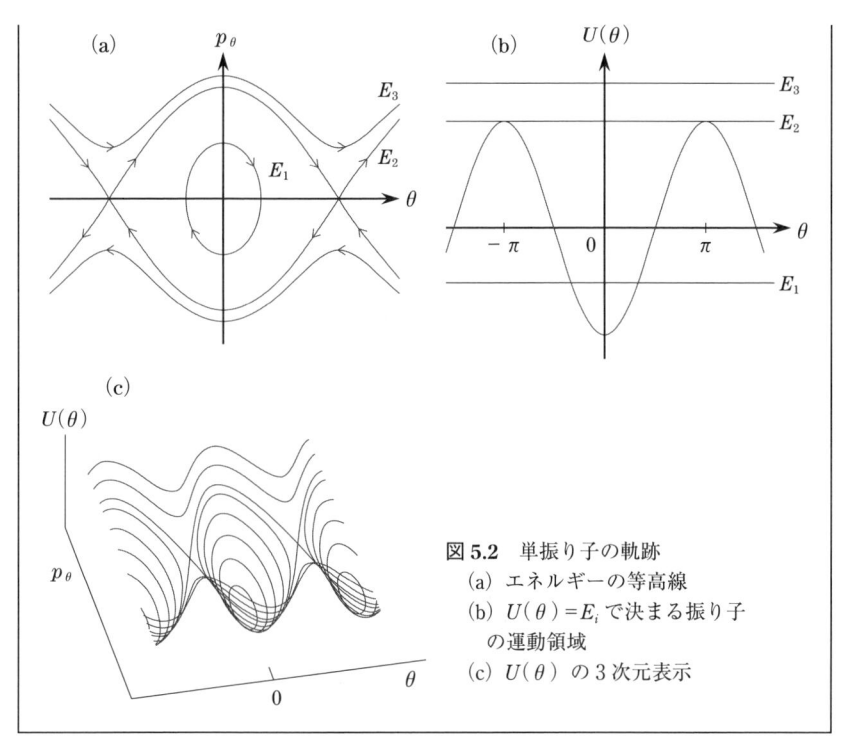

図 5.2 単振り子の軌跡
(a) エネルギーの等高線
(b) $U(\theta)=E_i$ で決まる振り子の運動領域
(c) $U(\theta)$ の 3 次元表示

〈着眼点と方針〉

(1) では，おもりの r 方向の速さ $v_r = \dot{r}$ と θ 方向の速さ $v_\theta = r\dot{\theta}$ から運動エネルギーを計算し，ポテンシャルエネルギーが $U = -mgx$ であることに注意して，ラグランジアンをつくればよい．

(2) では，(F_x, F_y) に対応する一般力 Q'_r, Q'_θ が $Q'_r = -S$, $Q'_\theta = 0$ となることに気付けばよい．

(3) では，ラグランジュの運動方程式 (5.9), (5.10) と (5.3), (5.4) が，実質的に同じものであることを示せばよい．

(4) では，$\dot{\theta}$ を p_θ に書き換えて (3.11) のハミルトニアンを計算すればよい．

(5) では，横軸を θ，縦軸を U にして，ポテンシャルエネルギー

$U(\theta) = -mgl\cos\theta$ を描き,その中で運動する粒子の軌跡を考えればよい.

[解] (1) 実際の単振り子は r 方向には運動しない.しかし,張力まで考慮した運動を考えるときは,仮想的に r 方向の運動が起こっていると想像する.なぜならば,張力は r 方向の運動から生じるからである.このような想像上の運動のことを**仮想的な運動**という.おもりの速さ v の2乗は $v^2 = v_\theta^2 + v_r^2$ であるから,運動エネルギー T は

$$T = \frac{1}{2}mv^2 = \frac{1}{2}m(\dot{r}^2 + r^2\dot{\theta}^2) \tag{5.15}$$

である.

おもりのポテンシャルエネルギー U は $x = 0$ を基準にするから
$$U = -mgx = -mgr\cos\theta \tag{5.16}$$
である.したがって,ラグランジアン $L = T - U$ は (5.1) である.

(2) 保存力ではない力 (F_x, F_y) に対応する一般力 Q'_r, Q'_θ は (2.90) から

$$Q'_r = F_x\frac{\partial x}{\partial r} + F_y\frac{\partial y}{\partial r} = F_x\cos\theta + F_y\sin\theta \tag{5.17}$$

$$Q'_\theta = F_x\frac{\partial x}{\partial \theta} + F_y\frac{\partial y}{\partial \theta} = F_x(-r\sin\theta) + F_y(r\cos\theta) \tag{5.18}$$

である.ここで極座標 $x = r\cos\theta, y = r\sin\theta$ を使った.これに (5.2) の力 (F_x, F_y) を代入すると

$$Q'_r = -S\cos^2\theta - S\sin^2\theta = -S(\cos^2\theta + \sin^2\theta) = -S \tag{5.19}$$

$$Q'_\theta = (-S\cos\theta)(-r\sin\theta) + (-S\sin\theta)(r\cos\theta) = 0 \tag{5.20}$$

である.したがって,ラグランジュの運動方程式 (5.3) と (5.4) は

$$\frac{d}{dt}\left(\frac{\partial L}{\partial \dot{r}}\right) = \frac{\partial L}{\partial r} - S \tag{5.21}$$

$$\frac{d}{dt}\left(\frac{\partial L}{\partial \dot{\theta}}\right) = \frac{\partial L}{\partial \theta} \tag{5.22}$$

となる.(5.21) から r 方向の運動方程式

$$m\ddot{r} = mr\dot{\theta}^2 + mg\cos\theta - S \tag{5.23}$$

を,(5.22) から θ 方向の運動方程式

$$mr^2\ddot{\theta} + 2mr\dot{r}\dot{\theta} = -mgr\sin\theta \tag{5.24}$$

を得る.これらに実際の束縛条件 $r = l, \dot{r} = 0, \ddot{r} = 0$ を代入すれば,(5.5) と (5.6) になる.

5.1 いろいろな振り子

（3） 束縛条件式 (5.7) より

$$\lambda \frac{\partial f}{\partial r} = \lambda, \quad \lambda \frac{\partial f}{\partial \theta} = 0 \tag{5.25}$$

であるから，ラグランジュの運動方程式 (5.9) と (5.10) は

$$\frac{d}{dt}\left(\frac{\partial L}{\partial \dot{r}}\right) = \frac{\partial L}{\partial r} + \lambda \tag{5.26}$$

$$\frac{d}{dt}\left(\frac{\partial L}{\partial \dot{\theta}}\right) = \frac{\partial L}{\partial \theta} \tag{5.27}$$

となる．これらをラグランジュの運動方程式 (5.3), (5.4) と比べると $Q'_r = \lambda$, $Q'_\theta = 0$ である．(5.19) から $Q'_r = -S$ なので，$\lambda = -S$ であることがわかる．明らかに (5.26), (5.27) は (5.3), (5.4) と同一であるから，運動方程式 (5.5) と (5.6) が導かれる．なお，ラグランジュの未定乗数 λ が束縛力 S と同じものになる理由は，2.6 節の「未定乗数の物理的な意味」を参照してほしい．

（4） ハミルトニアンの定義式 (3.11) にラグランジアン (5.12) を代入し，$\dot{\theta}$ を p_θ で書き換えると

$$H(\theta, p_\theta) = p_\theta \dot{\theta} - L(\theta, \dot{\theta}) = \frac{p_\theta^2}{ml^2} - \left(\frac{p_\theta^2}{2ml^2} + mgl\cos\theta\right) \tag{5.28}$$

となる．したがって，(5.13) を得る．

（5） 単振り子のハミルトニアンは時間 t を陽に含まないから，保存量である（1.3.2 項の「ハミルトニアンの物理的な意味」を参照）．系のエネルギーを $E = T + U$ とすると，(5.13) と $H = E$ より，p_θ は

$$p_\theta = \pm\sqrt{2ml^2(E-U)} = \pm\sqrt{2ml^2(E + mgl\cos\theta)} \tag{5.29}$$

で与えられる．実際に運動が起こるのは p_θ が実数のときだから，ルートの中は非負，つまり，エネルギーが $E - U \geq 0$ を満たすときである．

おもりはポテンシャルから力を受けて運動するが，図 5.2 (b) のようにポテンシャルを描くと，単振り子の運動はポテンシャルを壁にもつ井戸（これを**ポテンシャルの井戸**（potential well）という）の中での質点の運動として捉えることができる．

ポテンシャルの井戸を考えると，$E = U$ の線以下で粒子は運動する（$E = U$ のとき $T = 0$ なので，粒子は静止している）．まず，比較的低いエネルギー $E = E_1$ の場合，質点は井戸の底辺りで小さな振動を繰り返す．言い換えると，単振り子の軌道は図 5.2 (a) のように，ポテンシャルの底 $(\theta, p_\theta) = (0, 0)$ の周りで円を描く．

初期エネルギーが E_1 よりもずっと大きな E_3 のとき，p_θ はゼロにはならないから，単振り子は回転し続ける．一方，初期エネルギーが E_1 と E_3 の間の E_2 のとき，振動運動と回転運動とを分ける境界に当たる特別な軌道になる．そのため，この軌

道は**セパラトリクス**（separatorix）と名付けられている．この軌道は，振り子が真上（$\theta = \pi$）でちょうど止まる（$p_\theta = 0$）ときに当たる（しかし，この軌道を実現させることは不可能で，理論的に考えることができるだけである）．

軌道に付けた矢印の向きの決め方

軌道に付けた矢印は時間の進行方向を表しているが，矢印の向きはハミルトンの運動方程式

$$\dot{\theta} = \frac{\partial H}{\partial p_\theta} = \frac{p_\theta}{ml^2}, \qquad \dot{p}_\theta = -\frac{\partial H}{\partial \theta} = -mgl\sin\theta \tag{5.30}$$

から決まる．θ 方向の向きは $\dot{\theta} = p_\theta/ml^2$ から，$p_\theta > 0$ ならば $\dot{\theta} > 0$ で右向き，$p_\theta < 0$ ならば $\dot{\theta} < 0$ で左向きになる．一方，p_θ 方向の向きは $\dot{p}_\theta = -mgl\sin\theta$ から，$\theta > 0$ のとき $\dot{p}_\theta < 0$ で下向き，$\theta < 0$ のとき $\dot{p}_\theta > 0$ で上向きになる．これらを組み合わせると，図5.2(a)のような矢印が描ける．

なお，図5.2(c)のように，θ, p_θ, U の関係を3次元的に描くと軌道とエネルギーの関係が見やすくなるだろう．

コメント　　束縛力まで計算したいときには，問(1)で示したように，r 方向の仮想的な運動を考える必要がある．この仮想的な運動を考慮するには，問(2)のように一般力 Q' を用いる方法と問(3)のようにラグランジュの未定乗数 λ を用いる方法がある．

なお，(5.5)の左辺1番目の $ml\dot{\theta}^2$ は遠心力であり，2番目の $mg\cos\theta$ は棒の長さ方向の重力成分である．これらの和が張力 S とつり合っている（図5.1(c)を参照）．

単振り子は，振動現象を最も簡単にしたモデルであるが，これを2つつないだ2重振り子も様々な振動現象の数理モデルとして使われている（演習問題[5.1]を参照）．

5.1.2 球面振り子

球面振り子とは，図5.3(a)のように，支点Oの周りに伸び縮みしない長さ l の棒の先におもりを吊し，支点Oの周りの半径 l の球面上を動けるようにしたものである．

球面振り子は自由度3の力学系（r, θ, ϕ で記述されるから）なので，自由度1の単振り子に比べて複雑な運動をする．初期条件の与え方によっては乱雑で不規則な運動（カオス）が発生することもあり，数理モデルとしての面白さがある．その一方で，工学的な現象のモデルにも使われる．例えば，

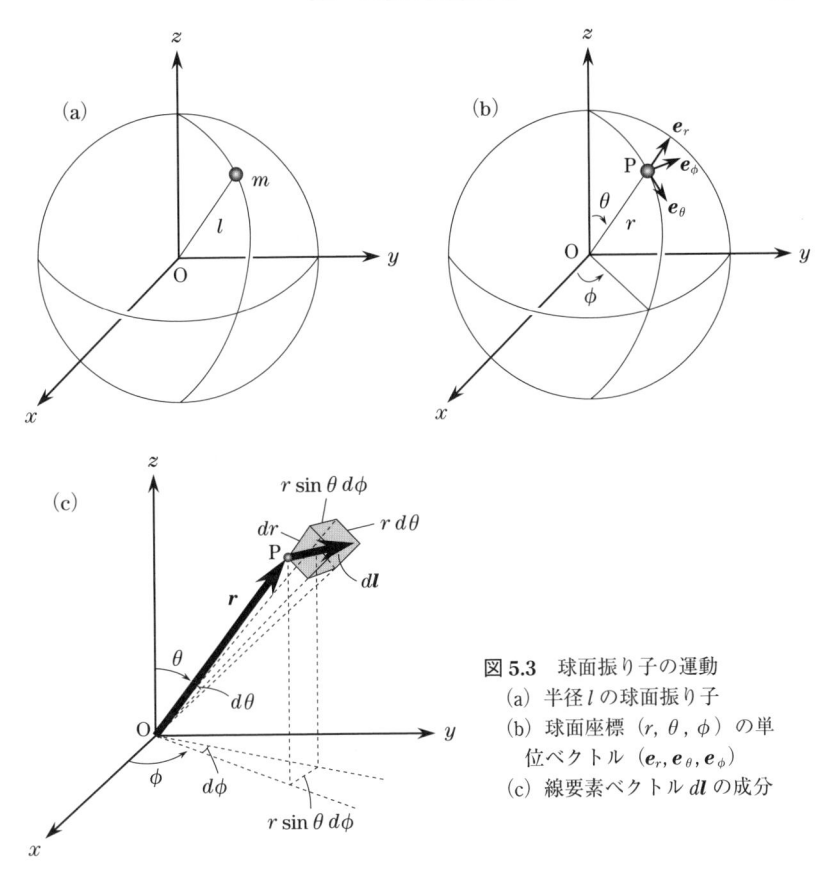

図 5.3 球面振り子の運動
(a) 半径 l の球面振り子
(b) 球面座標 (r, θ, ϕ) の単位ベクトル $(\boldsymbol{e}_r, \boldsymbol{e}_\theta, \boldsymbol{e}_\phi)$
(c) 線要素ベクトル $d\boldsymbol{l}$ の成分

クレーンなどで吊り荷を持ち上げたり，旋回したりして移動させるとき，クレーンの先（支点）を中心に円弧状の運動をすることがある．このとき，吊り荷の揺れを球面振り子でモデル化すると，揺れに対する遠心力の影響などを調べることができる．

―[例題 5.2]――――

ここでは，球面振り子の運動方程式を導き，棒にはたらく張力などを調べよう．

(1) いま仮に，棒の長さも変わり得るものとして長さを変数 r で表

す．図 5.3 (b) のように r, θ, ϕ を一般座標とすると，球面振り子のラグランジアン L は

$$L = \frac{m}{2}(\dot{r}^2 + r^2\dot{\theta}^2 + r^2\dot{\phi}^2 \sin^2 \theta) - mgr \cos \theta \qquad (5.31)$$

で与えられることを示しなさい．ただし，おもりのポテンシャルエネルギーは $z = 0$ の xy 平面を基準とする．

（2）球面振り子の長さが l であるという制限を与える束縛条件式は

$$f(r) = r - l = 0 \qquad (5.32)$$

であるから，未定乗数法に従ってラグランジアンを

$$L' = L + \lambda f = L + \lambda(r - l) \qquad (5.33)$$

とする．ラグランジュの運動方程式 (2.145) から，半径 l の球面振り子は

$$-ml(\dot{\theta}^2 + \dot{\phi}^2 \sin^2 \theta) + mg\cos\theta = \lambda \qquad (5.34)$$

$$l\ddot{\theta} - l\dot{\phi}^2 \sin\theta \cos\theta - g\sin\theta = 0 \qquad (5.35)$$

$$\frac{d}{dt}(\dot{\phi}\sin^2\theta) = 0 \qquad (5.36)$$

の運動方程式で記述されることを示しなさい．

（3）いま，$\theta = $ 一定値 $= \theta_0$ として，おもりが水平な小円に沿って回っているとしよう．このとき，未定乗数 λ は (5.34) から

$$\lambda = -ml\dot{\phi}^2 \sin^2\theta_0 + mg\cos\theta_0 \qquad (5.37)$$

となる．この λ が棒にはたらく張力 S に一致することを説明しなさい．

（4）$r = l$ とおくと，(5.31) のラグランジアンは

$$L = \frac{1}{2}ml^2(\dot{\theta}^2 + \dot{\phi}^2 \sin^2\theta) - mgl\cos\theta \qquad (5.38)$$

のように，r を含まないラグランジアンになる．このラグランジアンに対するハミルトニアン H は

5.1 いろいろな振り子

$$H = \frac{p_\theta^2}{2ml^2} + \frac{p_\phi^2}{2ml^2 \sin^2 \theta} + mgl\cos\theta \quad (5.39)$$

となることを示しなさい（演習問題 [5.2] を参照）．

〈着眼点と方針〉

（1）では，おもりの r 方向の速さ $v_r = \dot{r}$，θ 方向の速さ $v_\theta = r\dot\theta$，ϕ 方向の速さ $v_\phi = r\dot\phi \sin\theta$ から運動エネルギーを計算し，ポテンシャルエネルギーが $U = mgz$ であることに注意して，ラグランジアンをつくればよい．

（2）では，ラグランジアン (5.33) をラグランジュの運動方程式 (2.145) に代入した式に $r = l$ の条件を課せばよい．

（3）では，おもりにはたらく重力 mg と z 軸周りの回転によって生じる遠心力の合力が，張力 S とつり合うことを示せばよい．

（4）では，$\dot\theta$ を p_θ，$\dot\phi$ を p_ϕ に書き換えて，(3.11) のハミルトニアンを計算すればよい．

[解]　(1) 図 5.3(b) のように，球面座標 (r, θ, ϕ) の単位ベクトルを $\boldsymbol{e}_r, \boldsymbol{e}_\theta, \boldsymbol{e}_\phi$ とする．このとき，r, θ, ϕ が $dr, d\theta, d\phi$ だけ変化すれば，r 方向に dr，θ 方向に $r\,d\theta$，ϕ 方向に $r\sin\theta\,d\phi$ だけ長さが変わるので，線要素ベクトル $d\boldsymbol{l}$ を図 5.3(c) の点 P を始点にしたベクトルであると考えると，$d\boldsymbol{l}$ は

$$d\boldsymbol{l} = dr\,\boldsymbol{e}_r + r\,d\theta\,\boldsymbol{e}_\theta + r\sin\theta\,d\phi\,\boldsymbol{e}_\phi \quad (5.40)$$

となる．おもりの速度 $\boldsymbol{v}$ は

$$\boldsymbol{v} = \frac{d\boldsymbol{l}}{dt} = \frac{dr}{dt}\boldsymbol{e}_r + r\frac{d\theta}{dt}\boldsymbol{e}_\theta + r\sin\theta\frac{d\phi}{dt}\boldsymbol{e}_\phi \quad (5.41)$$

より，$v_r = \dot{r}$, $v_\theta = r\dot\theta$, $v_\phi = r\dot\phi \sin\theta$ であるから，質点の運動エネルギーは

$$T = \frac{m}{2}(\boldsymbol{v})^2 = \frac{m}{2}(v_r^2 + v_\theta^2 + v_\phi^2) = \frac{m}{2}(\dot r^2 + r^2\dot\theta^2 + r^2\dot\phi^2\sin^2\theta) \quad (5.42)$$

である．
一方，質点のポテンシャルエネルギー U は $z = 0$ の xy 平面を基準にするから

$$U = mgz = mgr\cos\theta \quad (5.43)$$

である．したがって，ラグランジアン $L = T - U$ は (5.31) である．

（2） ラグランジュの運動方程式 (2.145) を書き下すと，

$$\frac{d}{dt}\left(\frac{\partial L}{\partial \dot{r}}\right) = \frac{\partial L}{\partial r} + \lambda \frac{\partial f}{\partial r} \tag{5.44}$$

$$\frac{d}{dt}\left(\frac{\partial L}{\partial \dot{\theta}}\right) = \frac{\partial L}{\partial \theta} + \lambda \frac{\partial f}{\partial \theta} \tag{5.45}$$

$$\frac{d}{dt}\left(\frac{\partial L}{\partial \dot{\phi}}\right) = \frac{\partial L}{\partial \phi} + \lambda \frac{\partial f}{\partial \phi} \tag{5.46}$$

となる．束縛条件から，ラグランジュの未定乗数 λ の項は

$$\frac{\partial f}{\partial r} = 1, \quad \frac{\partial f}{\partial \theta} = 0, \quad \frac{\partial f}{\partial \phi} = 0 \tag{5.47}$$

である．したがって，(5.44)〜(5.46) は

$$m\ddot{r} - mr\dot{\theta}^2 - mr\dot{\phi}^2\sin^2\theta + mg\cos\theta = \lambda \tag{5.48}$$

$$mr^2\ddot{\theta} + 2mr\dot{r}\dot{\theta} - mr^2\dot{\phi}^2\sin\theta\cos\theta - mgr\sin\theta = 0 \tag{5.49}$$

$$\frac{d}{dt}(mr^2\dot{\phi}\sin^2\theta) = 0 \tag{5.50}$$

となる．これらに実際の束縛条件 $r = l, \dot{r} = 0, \ddot{r} = 0$ を代入すると，(5.34)〜(5.36) を得る．

（3） 図 5.4 の位置にあるおもりにはたらく力は，下向きの重力 mg と支点の向きにはたらく張力 S である．これらの合力がおもりにはたらく向心力（centripetal force）f_c になっている．おもりの回転する円の半径を ρ とすると，$\rho = l\sin\theta_0$ であるから，おもりにはたらく向心力の大きさは

$$f_c = m\rho\dot{\phi}^2 = ml\sin\theta_0\dot{\phi}^2 \tag{5.51}$$

である．おもりの動きを慣性系から見たとき（例えば，地上の静止した場所に立っ

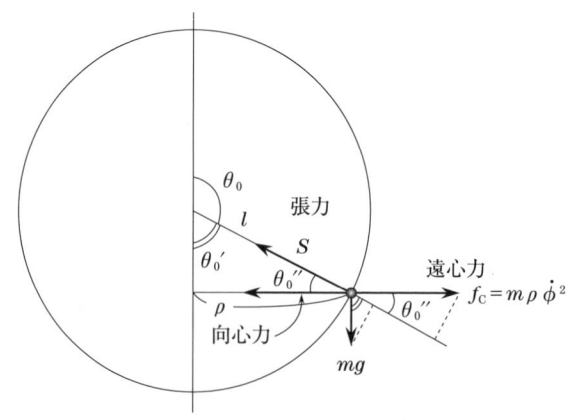

図 5.4 球面振り子の力のつり合い

5.1 いろいろな振り子

て，球面振り子を見ているとき）向心力の向きは回転軸の方を指している．一方，球面振り子と一緒に動いている座標系（これを非慣性系という）でおもりを見ると，おもりは静止して見えるから，図 5.4 のように遠心力（大きさは向心力 f_c と同じで，向きが逆の見かけの力）がはたらいていることになる．このとき，張力 S と遠心力と重力 mg はつり合っているので

$$S + f_c \cos \theta_0'' + mg \cos \theta_0' = 0 \tag{5.52}$$

である．図 5.4 より $\theta_0 + \theta_0' = \pi$, $\theta_0' + \theta_0'' = \pi/2$ なので，$\theta_0'' = \theta_0 - \pi/2$ である．これから $\cos \theta_0'' = \sin \theta_0$, $\cos \theta_0' = -\cos \theta_0$ となるので，(5.52) は

$$S = -f_c \cos \theta_0'' - mg \cos \theta_0' = -f_c \sin \theta_0 + mg \cos \theta_0 \tag{5.53}$$

となる．これに (5.51) の f_c を代入すると

$$S = -ml\dot{\phi}^2 \sin^2 \theta_0 + mg \cos \theta_0 \tag{5.54}$$

となり，(5.37) に一致する．

（4） ハミルトニアンの定義式 (3.11) にラグランジアン (5.38) を代入し，θ と ϕ に共役な運動量 $p_\theta = \partial L/\partial \dot\theta = ml^2 \dot\theta$ と $p_\phi = \partial L/\partial \dot\phi = ml^2 \dot\phi \sin^2 \theta$ を使って $\dot\theta$ と $\dot\phi$ を書き換えると

$$\begin{aligned} H(\theta, p_\theta, p_\phi) &= p_\theta \dot\theta + p_\phi \dot\phi - L(\theta, \dot\theta, \dot\phi) \\ &= \frac{p_\theta^2}{ml^2} + \frac{p_\phi^2}{ml^2 \sin^2 \theta} - \left(\frac{p_\theta^2}{2ml^2} + \frac{p_\phi^2}{2ml^2 \sin^2 \theta} - mgl \cos \theta \right) \end{aligned} \tag{5.55}$$

となる．したがって，(5.39) を得る． ¶

コメント 1 はじめから $r = l$ とおいて，一般座標 θ, ϕ に関する自由度 2 の運動を考えれば，ラグランジュの運動方程式は (5.35) と (5.36) で，束縛条件は全く表に現れなかった．

ここで ϕ を固定すると，球面振り子は鉛直平面内の単振り子になってしまう．ラグランジアン (5.38) は $\dot\phi = 0$ だから

$$L = \frac{1}{2} ml^2 \dot\theta^2 - mgl \cos \theta \tag{5.56}$$

となる（θ の測り方の違いを考慮すれば，これは (5.12) と同じ式である）．そして，運動方程式 (5.35) は単振り子の運動方程式 (1.80) に一致する．

また，$\lambda = -k(r - l)$ とおいた (5.48) と (5.49) は，バネ振り子 (2.71) と (2.72) に一致する．

このように，球面振り子の複雑な計算結果 (5.34) ～ (5.36) から簡単な単振り子やバネ振り子などの結果が正しく導けることが確認できた．このような確認の方法は，面倒な計算や複雑な計算結果をチェックするときに非常に有効なので覚えておいてほしい．

コメント 2　　一般座標 ϕ は循環座標であり（2.2.2 項を参照），ϕ に対応する保存量が角運動量（(5.36) や (5.50)）である．角運動量が保存する理由は，おもりにはたらく重力の大きさが z 軸周りで変わらないためである．つまり，<u>角運動量保存則は系が z 軸周りの回転に対して不変（あるいは対称）であることによる</u>．

5.1.3　長さの変わる振り子

　ブランコに乗って，一人でブランコを漕ぐとき，身体を下げたり上げたりしながら，徐々に揺れを大きくしていく．ブランコの揺れが大きくなるのは，身体の重心を周期的に上下させるからである．この重心の上下運動は，見方を変えれば，ブランコの長さ $r(t)$ を変えることと同じである．つまり，図 5.5 のように，ひもの長さを周期的に変えていくと，おもりの揺れが大きくなる．この例のように，あるパラメータ（ここでは，ブランコの長さ）を周期的に変化させて振動を増大させる方法を**パラメータ励振**という．

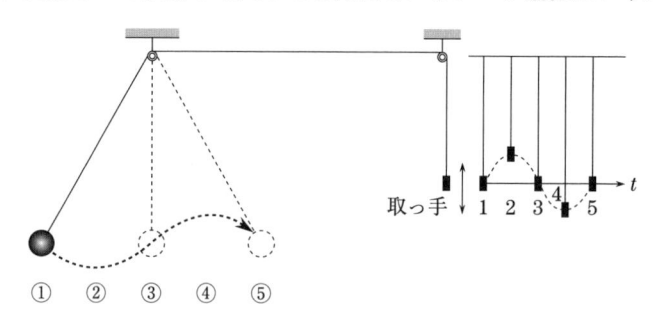

図 5.5　取っ手の上下運動によるおもりのパラメータ励振

［例題 5.3］

　このパラメータ励振を，図 5.6 (a) のように支点 P が周期的に上下する振り子で考えよう．

　いま，図 5.6 (b) のように，支点 P が座標原点 O から上下の方向に x_0 だけ変位しているとしよう．このとき，おもりの位置 (x, y) は

$$x = l\cos\theta - x_0, \qquad y = l\sin\theta \tag{5.57}$$

である．振り子の長さを l，質量を m，おもりと鉛直線のなす角を θ とする．

5.1 いろいろな振り子

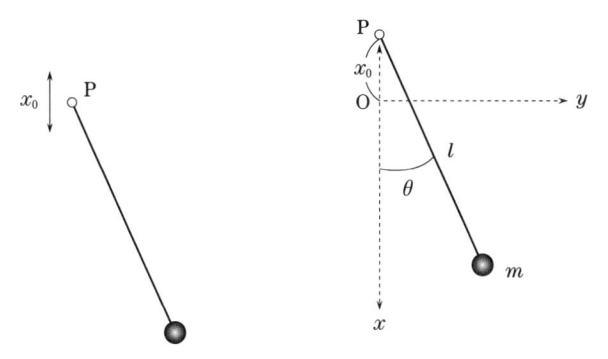

(a) 支点 P が振幅 x_0 で上下する振り子　(b) 座標と変数のとり方

図 5.6　支点が上下する振り子の運動

（1）この系のラグランジアン L は

$$L = \frac{m}{2}(l^2\dot{\theta}^2 + 2l\dot{\theta}\dot{x}_0\sin\theta + \dot{x}_0^2) + mg(l\cos\theta - x_0) \tag{5.58}$$

であることを示しなさい．

（2）支点 P の変位 x_0 を

$$x_0 = A\sin\omega t \tag{5.59}$$

とする．このとき，(2.2) の一般座標 θ に対するラグランジュの運動方程式

$$\frac{d}{dt}\left(\frac{\partial L}{\partial \dot{\theta}}\right) = \frac{\partial L}{\partial \theta} \tag{5.60}$$

から，運動方程式は

$$\ddot{\theta} + \omega_0^2(1 - \delta\sin\omega t)\sin\theta = 0 \tag{5.61}$$

となることを示しなさい．ただし，

$$\omega_0^2 = \frac{g}{l}, \quad \delta = \frac{A\omega^2}{g} \tag{5.62}$$

である．

〈着眼点と方針〉

 (1)では,おもりの速度成分 $(\dot{x}, \dot{y})$ から運動エネルギーを計算し,ポテンシャルエネルギーが $U = -mgx$ であることを使って,ラグランジアンをつくればよい.

 (2)では,ラグランジアン(5.58)をラグランジュの運動方程式(5.60)に代入して計算すればよい.

[解] (1) 振り子の速度 $(\dot{x}, \dot{y})$ は (5.57) を時間 t で微分した

$$\dot{x} = -l\dot{\theta}\sin\theta - \dot{x}_0, \qquad \dot{y} = l\dot{\theta}\cos\theta \tag{5.63}$$

であるから,おもりの運動エネルギーは

$$T = \frac{m}{2}(\dot{x}^2 + \dot{y}^2)$$

$$= \frac{m}{2}(l^2\dot{\theta}^2 + 2l\dot{\theta}\dot{x}_0\sin\theta + \dot{x}_0^2) \tag{5.64}$$

である.一方,質点のポテンシャルエネルギー U は

$$U = -mgx = -mg(l\cos\theta - x_0) \tag{5.65}$$

であるから,ラグランジアン $L = T - U$ は (5.58) となる.

 (2) ラグランジュの運動方程式(5.60)に代入すると,各項は

$$\left.\begin{array}{l} \dfrac{\partial L}{\partial \dot{\theta}} = ml^2\dot{\theta} + ml\dot{x}_0\sin\theta \\[6pt] \dfrac{d}{dt}\left(\dfrac{\partial L}{\partial \dot{\theta}}\right) = ml^2\ddot{\theta} + ml\ddot{x}_0\sin\theta + ml\dot{\theta}\dot{x}_0\cos\theta \\[6pt] \dfrac{\partial L}{\partial \theta} = ml\dot{\theta}\dot{x}_0\cos\theta - mgl\sin\theta \end{array}\right\} \tag{5.66}$$

となる.したがって,運動方程式は

$$ml^2\ddot{\theta} + ml(g + \ddot{x}_0)\sin\theta = 0 \tag{5.67}$$

である.これに $\ddot{x}_0 = -\omega^2 A\sin\omega t$ を代入し,係数を(5.62)でまとめると(5.61)になる.

 なお,振れの角 θ が十分に小さい(微小振動)と仮定して,運動方程式(5.61)の $\sin\theta$ を θ とおき,その θ を x に変えると,運動方程式(5.61)は

$$\frac{d^2x}{dt^2} + \omega_0^2(1 - \delta\sin\omega t)x = 0 \tag{5.68}$$

となる．これを**マシュー方程式**（Mathieu's equation）という．マシュー方程式はパラメータ励振系の運動を記述するモデル方程式である．¶

コメント　ブランコが一往復する周期 $T_0 = 2\pi/\omega_0$ とひもの上げ下げの周期 $T = 2\pi/\omega$ は，図 5.5 のように，振り子（ブランコ）の半周期がひもの 1 周期に等しい（ひもの取っ手を $t = 1$ から $t = 5$ まで上下させる間（1 周期）に，おもりは①から⑤まで振動（半周期）する）．そのため，角振動数の間には $T_0 = 2T$ から $\omega = 2\omega_0$ の関係がある．そこで，(5.68) のひもの上下運動を表す励起項の角振動数を 2ω に変えたマシュー方程式

$$\frac{d^2x}{dt^2} + \omega_0^2(1 - \delta \sin 2\omega t)x = 0 \tag{5.69}$$

がブランコの運動を記述する方程式になる．

5.2　いろいろな自由度系の振動

物理学や工学の諸現象を解析するとき，数理モデルは重要な役割を果たす．一般に，機械や構造物は多数の要素から構成されているので，どのような現象を調べるかによって，モデルのつくり方が変わる．例えば，機械などの振動を解析したい場合は，その特徴がうまく表現できるように，複数の要素（質量，バネ，減衰力，外力など）を組み合わせて力学モデルをつくる．ここでは，最も簡単な自由度 1 の振動問題に対する力学モデルを考えよう．

第 1 章で扱った振り子（例題 1.2）やバネ質点系（例題 1.3）の振動系は，外力（可振力という）やベースの変位（可振変位という）が存在すると振動する．例えば，自動車では可振力はエンジンから伝わる力であり，可振変位は道路面のデコボコである．また，建物では可振力は風であり，可振変位は地震である．このような外部からの力によって生じる振動のことを**強制振動**（forced vibration）という．

なお，実際の可振力や可振変位は乱雑で不規則なものである．そのため，強制振動の基本的な特徴を解析的に調べるときは，これらの外力を最も簡単

な三角関数（サインやコサイン）の波形で与えるのが一般的である．

5.2.1 強制振動とダッシュポット

［例題 5.4］

図 5.7(a) のような物体とバネからなる系（バネ質点系）がある．いま，この系に周期的な外力 f がはたらいているとしよう．質点の質量を m，平衡点からの変位を x，バネ定数を k とすると，この系の運動方程式は

$$m\ddot{x} = -kx + f(t) \quad (5.70)$$

で与えられる．

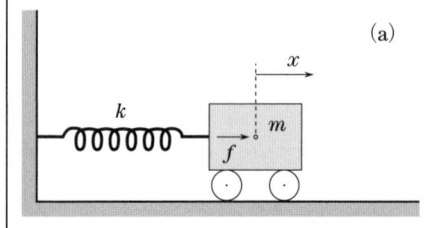

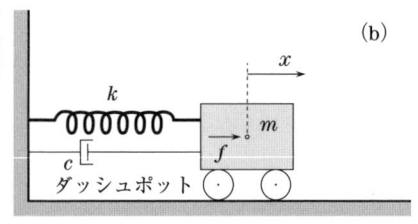

図 5.7 自由度 1 の強制振動
(a) バネと物体からなるバネ質点系に外力 f がはたらく
(b) ダッシュポットの付いたバネ質点系

（1）ニュートンの運動方程式 (1.1) から，運動方程式 (5.70) が導かれることを示しなさい．

（2）いま，外力 $f(t)$ に対して

$$U_e = -xf(t) \quad (5.71)$$

のようなポテンシャルエネルギー U_e を定義して（添字 e は外力 (external force) を表す），ラグランジアンを

5.2 いろいろな自由度系の振動

$$L = \frac{m}{2}\dot{x}^2 - \frac{k}{2}x^2 + x f(t) \tag{5.72}$$

とする．(2.2)のラグランジュの運動方程式

$$\frac{d}{dt}\left(\frac{\partial L}{\partial \dot{x}}\right) = \frac{\partial L}{\partial x} \tag{5.73}$$

から，運動方程式(5.70)が導けることを示しなさい．

（3） 外力の振動数 ω と系の固有角振動数 $\omega_0 = \sqrt{k/m}$ が一致すると，この系は共振を起こし，変位 x は発散する．それを避けるために，図5.7(b)に示すような速度に比例する減衰（粘性減衰）を系にとり入れる．このような要素を**ダッシュポット**という．

そこで，粘性減衰による減衰力 F' を

$$F' = -c\dot{x} \qquad (c > 0) \tag{5.74}$$

とすると，F' は(2.103)の散逸関数 D で与えられる．

(2.4)のラグランジュの運動方程式（ただし，$Q_i' = 0$ とする）

$$\frac{d}{dt}\left(\frac{\partial L}{\partial \dot{x}}\right) = \frac{\partial L}{\partial x} - \frac{\partial D}{\partial \dot{x}} \tag{5.75}$$

から，系の運動方程式は

$$m\ddot{x} = -kx - c\dot{x} + f(t) \tag{5.76}$$

となることを示しなさい．

（4） 外部からの強制力を

$$f(t) = F \sin \omega t \tag{5.77}$$

とし，(5.76)の解を

$$x = X \sin(\omega t - \phi) \tag{5.78}$$

と仮定しよう（160頁のコメント1を参照）．これを(5.76)に代入して

$$X = \frac{F}{\sqrt{(-m\omega^2 + k)^2 + c^2\omega^2}} = \frac{F}{m\sqrt{(\omega_0^2 - \omega^2)^2 + 4\gamma^2\omega^2}} \tag{5.79}$$

$$\phi = \arctan\frac{c\omega}{-m\omega^2 + k} = \arctan\frac{2\gamma\omega}{\omega_0^2 - \omega^2} \quad (5.80)$$

であれば，(5.78) は運動方程式を満たす（つまり，解になる）ことを示しなさい．ここで，$c = 2m\gamma$ とおいている．

なお，(5.76) のような時間に関する 2 階の微分方程式の一般解は，2 つの任意定数（積分定数）を含んでいなければならない．いま求めた解 (5.78) の X, ϕ は，(5.79) と (5.80) から（既知量 m, k, c, ω を使って）決まるので任意定数ではない．このような任意定数を含まない解のことを**特解**（特殊解）という（160 頁のコメント 2 を参照）．

（5）(5.79) の振幅 X が図 5.8 のような振る舞いをすることを説明しなさい．

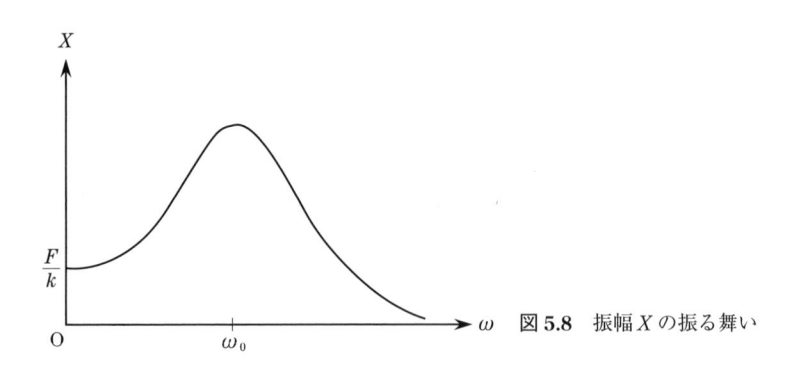

図 5.8 振幅 X の振る舞い

〈着眼点と方針〉

（1）では，バネの復元力 $-kx$ と外力 $f(t)$ の合力 F_x が質点にはたらくとして，ニュートンの運動方程式 $m\ddot{x} = F_x$ をつくればよい．

（2）では，ラグランジアン (5.72) をラグランジュの運動方程式 (2.2) に代入して計算すればよい．

（3）では，散逸関数が $D = c\dot{x}^2/2$ で与えられるので，ラグランジュの運動方程式 (5.75) から運動方程式 (5.76) が導ける．

5.2 いろいろな自由度系の振動

（4）では，解(5.78)を運動方程式(5.76)に代入し，(5.76)を $\alpha \sin \omega t + \beta \cos \omega t = 0$ の形にする．そして，係数 α, β がゼロであることを要請すればよい．

（5）では，X が $\omega \to 0$ や $\omega \gg \omega_0$ のとき，どのような形になるかを考えればよい．

[解]（1）質点にはたらく力は，バネによる復元力 $-kx$ と外力 $f(t)$ の合力 $F_x = -kx + f(t)$ である．したがって，$m\ddot{x} = F_x$ は(5.70)となる．

（2）ラグランジュの運動方程式(5.73)に(5.72)のラグランジアン L を代入すると，各項は

$$\frac{\partial L}{\partial \dot{x}} = m\dot{x}, \quad \frac{d}{dt}\left(\frac{\partial L}{\partial \dot{x}}\right) = m\ddot{x}, \quad \frac{\partial L}{\partial x} = -kx + f(t) \quad (5.81)$$

となるので，(5.70)を得る．

（3）散逸関数は $D = c\dot{x}^2/2$ であるから，これをラグランジュの運動方程式(5.75)に代入する．$\partial D/\partial \dot{x} = c\dot{x}$ なので，運動方程式(5.76)を得る．

（4）特解(5.78)を運動方程式(5.70)に代入すると

$$-m\omega^2 X \sin(\omega t - \phi) + c\omega X \cos(\omega t - \phi) + kX \sin(\omega t - \phi) = F \sin \omega t \quad (5.82)$$

となる．この式を $\sin \omega t$ と $\cos \omega t$ について整理すると

$$A \sin \omega t + B \cos \omega t = 0 \quad (5.83)$$

となる．ただし，

$$A = \{(-m\omega^2 + k)\cos\phi + c\omega \sin\phi\}X - F \quad (5.84)$$

$$B = (m\omega^2 - k)\sin\phi + c\omega\cos\phi \quad (5.85)$$

である．(5.83)が任意の時刻 t で成り立つためには，$\sin \omega t$ と $\cos \omega t$ の係数がゼロ ($A=0, B=0$) でなければならない．したがって，(5.84)と(5.85)は

$$(-m\omega^2 + k)\cos\phi + c\omega\sin\phi = \frac{F}{X} \quad (5.86)$$

$$(m\omega^2 - k)\sin\phi + c\omega\cos\phi = 0 \quad (5.87)$$

となる．そこで，(5.86)の両辺の2乗と(5.87)の両辺の2乗を加えると

$$(-m\omega^2 + k)^2 + (c\omega)^2 = \frac{F^2}{X^2} \quad (5.88)$$

となり，(5.79)を得る．また，(5.87)より(5.80)を得る．

（5）$\omega \to 0$ のとき，X は

$$X = \frac{F}{m\sqrt{(\omega_0^2 - \omega^2)^2 + 4\gamma^2\omega^2}} \quad \rightarrow \quad \frac{F}{m}\frac{1}{\omega_0^2} = \frac{F}{k} \tag{5.89}$$

のように，一定の値 F/k に近づく．この結果を $F = kX$ と書けば，これはバネの変位 X に対するフックの法則を表していることに気付くだろう．つまり，$\omega = 0$ のとき，振動しない一定（直流）の外力がバネを押しているのと同じことだから，(5.89) は物理的に納得のいく結果である．

一方，$\omega \gg \omega_0$ のとき，X は

$$X = \frac{F}{m\sqrt{(\omega_0^2 - \omega^2)^2 + 4\gamma^2\omega^2}} \quad \rightarrow \quad \frac{F}{m}\frac{1}{\omega^2} \tag{5.90}$$

のように，$1/\omega^2$ に従ってゼロに近づく．そして $\omega = \omega_0$ のとき，分母は小さくなるので，X は図 5.8 のように大きくなる． ¶

コメント 1 (5.77) の強制外力 $F\sin\omega t$ に対して，解を $X\sin(\omega t - \phi)$ の形におく理由を述べておこう．物理的に考えて，この振動系は十分に時間が経てば外力の角振動数 ω で揺れることが予想されるから，解の角振動数は ω である．しかし，外力を受けた系は瞬時に応答して揺れるわけではなく，一定の時間的遅れが生じるから，それを表すために，位相のずれ ϕ を入れる．

コメント 2 運動方程式 (5.70) や (5.76) は，$f(t)$ のような x と無関係な項（非同次項）が入っているので，**非同次方程式**という．一方，x だけからなる方程式を**同次方程式**という．この非同次方程式の一般解 x は，同次方程式の一般解 x_g と非同次方程式の特解 x_s（任意定数を含まない解）の和 $x = x_s + x_g$ で与えられることを簡単に説明しておこう．

いま x と x_s は，ともに運動方程式 (5.76) の解であるから

$$m\ddot{x} = -kx - c\dot{x} + f, \quad m\ddot{x}_s = -kx_s - c\dot{x}_s + f \tag{5.91}$$

である．これらの差をとると

$$m(\ddot{x} - \ddot{x}_s) = -k(x - x_s) - c(\dot{x} - \dot{x}_s) \tag{5.92}$$

のように $x - x_s$ に対する同次方程式となる．つまり，$x - x_s$ は同次方程式の一般解 x_g を表しているから，$x - x_s = x_g$ となる．

なお，(5.92) は減衰振動の式だから，解 x_g は時間が十分に経てばゼロになる．そのため，長時間経過した後の系の振る舞いを決めるのは，問 (4) のように時間が経っても残る特解 (5.78) である．そのため，特解の振る舞いを知ることが重要になる．

5.2.2 車の揺れ

---[例題 5.5]---

デコボコな道を車が走ると車体は揺れる．この車の揺れを，図 5.9 の

5.2 いろいろな自由度系の振動

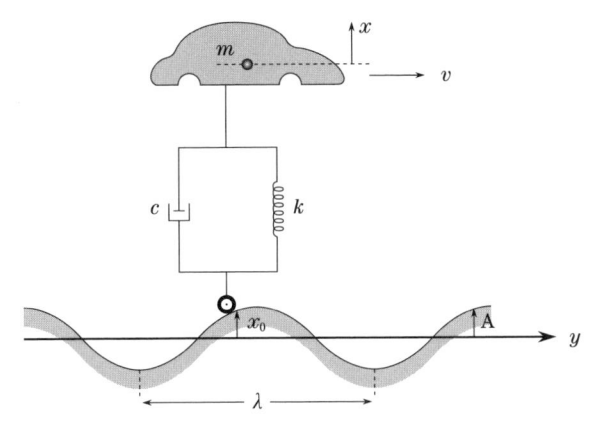

図5.9 起伏のある道路を車が走行している状態をバネ質点系でモデル化する.

ようなバネ質点系のモデルで考える．このモデルは，車を車体（質量）とそれ以外の部分（タイヤ，サスペンションなどバネの役割をする部品）に分けたもので，後者をバネとダッシュポットで表す．なお，車の質量を m，平衡点からの変位を x，バネ定数を k とする.

いま，路面（ベース）のデコボコによる変位を x_0 とすると，粘性減衰による抵抗力 F' は

$$F' = -c(\dot{x} - \dot{x}_0) \tag{5.93}$$

で表される．ここで c は減衰係数である．このとき，この系の運動方程式は

$$m\ddot{x} + c(\dot{x} - \dot{x}_0) + k(x - x_0) = 0 \tag{5.94}$$

で記述される.

（1）この系のラグランジアンは

$$L = \frac{1}{2}m\dot{x}^2 - \frac{k}{2}(x - x_0)^2 \tag{5.95}$$

であり，(2.103)の散逸関数は

$$D = \frac{c(\dot{x} - \dot{x}_0)^2}{2} \tag{5.96}$$

であることを示しなさい．そして，ラグランジュの運動方程式(2.4)か

ら運動方程式 (5.94) が導かれることを示しなさい．

（2） 路面の変位 x_0 が

$$x_0 = A \sin \omega t \qquad (5.97)$$

で与えられるとき，(5.94) は

$$m\ddot{x} + c\dot{x} + kx = F \sin(\omega t + \phi) \qquad (5.98)$$

のような強制振動の式になることを示しなさい．ただし，

$$F = \sqrt{c^2\omega^2 + k^2}\,A, \qquad \phi = \arctan \frac{c\omega}{k} \qquad (5.99)$$

である．

（3） 車の速さを v，進行方向を y 方向とすると，$y = vt$ である．路面のデコボコの形は正弦波 (5.97) だから，一定の距離（つまり波長 λ）ごとに波形が繰り返す．この波長 λ で (5.97) を書き換えると

$$x_0 = A \sin \frac{2\pi y}{\lambda} \qquad (5.100)$$

となる．

いま，$m = 1300\,[\mathrm{kg}]$ の車が波長 $\lambda = 5\,[\mathrm{m}]$ の路面を走っているとしよう．減衰係数 c は非常に小さく無視できるとして，この車が路面と共振するときの速さ v を求めなさい．ただし，板バネは $d = 20\,[\mathrm{mm}]$ だけたわんだときに車の重量 mg とつり合うものとする．

〈着眼点と方針〉

（1）では，バネの変位が $x - x_0$ であることに着目して，散逸関数 D とポテンシャルエネルギーを計算すればよい．

（2）では，運動方程式 (5.94) を $m\ddot{x} + c\dot{x} + kx = kx_0 + c\dot{x}_0$ と書いて，右辺の $x_0, \dot{x}_0$ に (5.97) を代入して，式を整理すればよい．

（3）では，共振が $\omega = \sqrt{k/m}$ のときに起こることに留意して，v を計算すればよい．

[解]（1）バネのポテンシャルエネルギー U は
$$U = \frac{k}{2}(x - x_0)^2 \tag{5.101}$$
であるから，ラグランジアンは (5.95) となる．一方，散逸関数 (5.96) から抵抗力 F' は
$$F' = -\frac{\partial D}{\partial \dot{x}}$$
$$= -\frac{\partial}{\partial \dot{x}}\left(c\frac{(\dot{x} - \dot{x}_0)^2}{2}\right) = -c(\dot{x} - \dot{x}_0) \tag{5.102}$$
のように求まる．したがって，ラグランジュの運動方程式 (2.4) から運動方程式 (5.94) が導かれる（ただし，$Q_l' = 0$ とする）．

（2）x_0 と $\dot{x}_0 = A\omega\cos\omega t$ を (5.94) に代入して，整理すると
$$m\ddot{x} + c\dot{x} + kx = c\omega A\cos\omega t + kA\sin\omega t \tag{5.103}$$
となる．これを三角関数の公式
$$a\cos\theta + b\sin\theta = c\sin(\theta + \phi), \quad c = \sqrt{a^2 + b^2}, \quad \tan\phi = \frac{a}{b} \tag{5.104}$$
と比べると，$a = c\omega A, b = kA$ だから (5.99) になる．

（3）(5.79) の強制振動の振幅 X の分母で，c の項が非常に小さいので，$k - m\omega^2 = 0$ となる ω の値 $\omega^* = \sqrt{k/m}$ のときに X は共振する．

よく知られているように，波長 λ と振動数 $\omega/2\pi$ の積は，その波形の伝わる速さ v になる．これを車の速さ v にも適用すると
$$v = \lambda\frac{\omega}{2\pi} \tag{5.105}$$
であるから，これに ω^* を代入すればよい．

バネ定数 k の値は $mg = kd$ から求められる．数値を代入すると，$k = mg/d = 1300 \times 9.8/(20 \times 10^{-3}) = 637 \times 10^3$ [N/m] である．あるいは，$\omega^* = \sqrt{k/m} = \sqrt{g/d} = \sqrt{9.8/(20 \times 10^{-3})} = 22.14$ [rad/s] である．したがって，$v = \lambda\omega^*/2\pi = 5 \times 22.14/2\pi = 17.62$ [m/s] $= 63.43$ [km/h] である． ¶

5.2.3 連成振動

2個のおもりをバネに結び付けた系（図 2.2 (c) を参照）を考えてみよう．おもりを静止した状態から動かすと，2個のおもりは互いに力をおよぼし合

いながら振動する．このような2個以上のおもりが連動した運動を**連成振動**（coupled oscillation）という．

連成振動を理解することは，数理モデルのアカデミックな面白さや興味だけでなく，現実の様々な振動問題を解明する上でも重要である．例えば，自動車のサスペンション（走行中の道路のデコボコが車体の中にいる人間には伝わらないようにする装置）のモデルとして，あるいは，スキー場や観光地などのロープウェイのゴンドラやリフトの揺れの制御を調べるときにも有効である．

この項では，連成振動の基本的な性質を理解するために，自由度2のバネ質点系を扱う．

[例題 5.6]

図5.10のように，2個の等しい質量 m のおもりと3個のバネからなる系がある．両側のバネ（バネ定数 k）の端は壁に固定されている．中間のバネ定数は k' である．2個のおもりの平衡位置からの変位を x_1, x_2 とすると，この系の運動はニュートンの運動方程式

$$m\ddot{x}_1 = -(k+k')x_1 + k'x_2 \quad (5.106)$$

$$m\ddot{x}_2 = k'x_1 - (k+k')x_2 \quad (5.107)$$

で記述される．

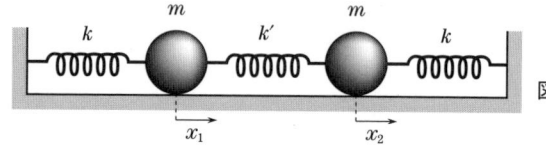

図5.10 2個のおもりによる連成振動

このような問題の一般解を求めるためには，**基準振動**の考え方を理解する必要がある．ここでは，基準振動を具体的に求めながら，一般解のつくり方を説明しよう（演習問題 [5.3] を参照）．

(1) この系のラグランジアン L は

$$L = \frac{m}{2}(\dot{x}_1^2 + \dot{x}_2^2) - \frac{k}{2}x_1^2 - \frac{k'}{2}(x_2 - x_1)^2 - \frac{k}{2}x_2^2$$
(5.108)

であることを示しなさい．そして，ラグランジュの運動方程式 (2.2) から (5.106) と (5.107) の運動方程式が導けることを示しなさい．

（2）運動方程式を解くために，2個のおもりがうまい具合にタイミングを合わせて単振動をしている状況を考えよう．タイミングが合っていると，2個のおもりの角振動数は等しく，位相も一致している．系全体が同一の角振動数で振動するような解のことを基準振動（あるいは**モード**や**固有振動**）という．そこで，同じ位相 $\omega t + \alpha$ をもった運動方程式の解（基準振動）

$$x_1(t) = A_1 \cos(\omega t + \alpha), \quad x_2(t) = A_2 \cos(\omega t + \alpha)$$
(5.109)

を仮定する．

これを (5.106) と (5.107) に代入すると，運動方程式は

$$\left. \begin{array}{l} \{m\omega^2 - (k+k')\}A_1 + k'A_2 = 0 \\ k'A_1 + \{m\omega^2 - (k+k')\}A_2 = 0 \end{array} \right\}$$
(5.110)

のような代数方程式に変わる．あるいは，行列を使って

$$\begin{pmatrix} m\omega^2 - (k+k') & k' \\ k' & m\omega^2 - (k+k') \end{pmatrix} \begin{pmatrix} A_1 \\ A_2 \end{pmatrix} = 0 \quad (5.111)$$

のような行列式で表される．したがって，運動方程式 (5.106) と (5.107) の解 x_1, x_2 を求める問題は，この行列式を満足する A_1, A_2 を見つける問題に変わる．

明らかに，$A_1 = A_2 = 0$ は (5.111) を満たす解である．しかし，これは $x_1 = x_2 = 0$ を意味するから，おもりが振動しない無意味な解である．このような解を**自明な解**（つまらない解）という．自明でない解を

得るには，係数の行列式が

$$\begin{vmatrix} m\omega^2 - (k+k') & k' \\ k' & m\omega^2 - (k+k') \end{vmatrix} = 0 \quad (5.112)$$

を満たす必要がある（この理由は問(2)の解を参照）．この式を**特性方程式**（あるいは**振動数方程式**）という．

特性方程式(5.112)を解いて，A_1, A_2 が**意味のある解**（自明でない解）をもつのは，角振動数 ω が

$$\omega^2 = \frac{k}{m}, \quad \omega^2 = \frac{k+2k'}{m} \quad (5.113)$$

のときであることを示しなさい．なお，(5.113)の角振動数を**固有角振動数**という．

（3）(5.113)の固有角振動数は2つあるから，これらを区別するために，ω の小さい方から順に ω_1, ω_2 と名付けて

$$\omega_1 = \sqrt{\frac{k}{m}}, \quad \omega_2 = \sqrt{\frac{k+2k'}{m}} \quad (5.114)$$

のように書く（$\omega_1 < \omega_2$）．そして，ω_1 を **1次の固有角振動数**，ω_2 を **2次の固有角振動数**という．

これらに応じて，振幅 A_1, A_2 も区別しなければならない．そのため，$\boldsymbol{A} = (A_1, A_2)$ と書いて A_1, A_2 をベクトル $\boldsymbol{A}$ の成分と見なす．振幅 A_1, A_2 は角振動数 ω に対して固有の振動形を与えるから，このベクトル $\boldsymbol{A}$ のことを**固有振動モード**（あるいは**固有ベクトル**）という．したがって，1次の固有角振動数 ω_1 に対しては1次の固有振動モード $\boldsymbol{A}^{(1)} = (A_1^{(1)}, A_2^{(1)})$ があり，2次の固有角振動数 ω_2 に対しては2次の固有振動モード $\boldsymbol{A}^{(2)} = (A_1^{(2)}, A_2^{(2)})$ があることになる．

これらのベクトル成分の大きさには

$$A_1^{(1)} : A_2^{(1)} = 1:1, \quad A_1^{(2)} : A_2^{(2)} = 1:-1 \quad (5.115)$$

の関係があることを，(5.110)を使って示しなさい．

5.2 いろいろな自由度系の振動

〈着眼点と方針〉

(1)では，バネのポテンシャルエネルギーは3つのバネの変位が左から $x_1, x_2 - x_1, x_2$ であることに気付けば計算できる．

(2)では，ω^2 に関する2次方程式（特性方程式）を解けばよい．

(3)では，1次の固有角振動数 ω_1 を代数方程式(5.110)に代入すれば，1次の固有振動モードの成分比 $A_1^{(1)}/A_2^{(1)}$ がわかる．

[解] (1) 平衡点からの変位が x_1, x_2 であるから，2個の質点の運動エネルギーは

$$T = \frac{m}{2}(\dot{x}_1^2 + \dot{x}_2^2) \tag{5.116}$$

である．3つのバネのポテンシャルエネルギーは

$$U = \frac{k}{2}x_1^2 + \frac{k'}{2}(x_2 - x_1)^2 + \frac{k}{2}x_2^2 \tag{5.117}$$

である．したがって，ラグランジアン $L = T - U$ は(5.108)である．

ラグランジュの運動方程式(2.2)の一般座標を $q_1 = x_1$ と $q_2 = x_2$ として計算すれば，ニュートンの運動方程式(5.106)と(5.107)が導ける．

(2) まず，行列式(5.111)を導いておこう．これは，(5.109)より $\ddot{x}_1 = -\omega^2 x_1$ と $\ddot{x}_2 = -\omega^2 x_2$ を運動方程式(5.106)と(5.107)に代入する．時間依存する項は x_1 と x_2 に同じ $\cos(\omega t + \alpha)$ を仮定したので，2つの方程式の両辺に共通に現れる．そのため，この項を消去できるので，運動方程式(5.106)と(5.107)は

$$\begin{pmatrix} m\omega^2 & 0 \\ 0 & m\omega^2 \end{pmatrix} \begin{pmatrix} A_1 \\ A_2 \end{pmatrix} = \begin{pmatrix} k+k' & -k' \\ -k' & k+k' \end{pmatrix} \begin{pmatrix} A_1 \\ A_2 \end{pmatrix} \tag{5.118}$$

となる．この右辺を左辺に移項したものが行列式(5.111)である．

(5.111)はベクトル A に対する行列であるから，係数の2行2列行列を B とすると，(5.111)は

$$BA = B\begin{pmatrix} A_1 \\ A_2 \end{pmatrix} = 0 \tag{5.119}$$

のように書ける．もし左辺の行列 B の逆行列 B^{-1} が存在すれば，(5.119)の両辺に左から B^{-1} を掛けると，左辺 $= B^{-1}BA$，右辺 $= B^{-1}0 = 0$ より $B^{-1}BA = 0$ となる．しかし，$B^{-1}B = 1$ であるから，この式は $A = 0$ を意味する．つまり，逆行

列 B^{-1} が存在すれば，それで割り算できるので，$A = 0$ という自明な解になる．これを避けるには，逆行列が存在しなければよい．つまり，行列 B の行列式 $|B|$ がゼロであればよい．(5.112) は $|B| = 0$ を表している．

行列式 (5.112) より，ω^2 に対する 2 次方程式は

$$\{m\omega^2 - (k+k')\}^2 - k'^2 = 0 \tag{5.120}$$

である．この方程式の解は，解の公式を使うと (5.113) となる．

なお，ω^2 の解には $\pm\omega_1$ と $\pm\omega_2$ の 4 つの解があるが，ω_1, ω_2 だけを選んだ理由を述べておこう．マイナスの解はモードの式 (5.109) に代入してみればわかるように，α を新たに $-\alpha$ と変換すると ω_1 がプラスである解と同じ解になる．このため，プラスの解と区別をする必要はないのである．

(3) ベクトル A の成分 (A_1, A_2) は，(5.110) の 1 番目の式から求めることができる（もちろん，2 番目の式を用いても結果は同じである）．

まず，$\omega = \omega_1$ の場合の (5.110) を考えよう．このとき，ω_1 の添字 1 に対応してベクトル A の成分にも添字が付くので

$$\{m\omega_1^2 - (k+k')\}A_1^{(1)} + k'A_2^{(1)} = 0 \tag{5.121}$$

となる．これに (5.114) の ω_1 を代入すると，$-k'A_1^{(1)} + k'A_2^{(1)} = 0$ となるので，$A_1^{(1)} = A_2^{(1)}$ より (5.115) の 1 番目の式になる．

$\omega = \omega_2$ の場合も同様にやれば，(5.110) は

$$\{m\omega_2^2 - (k+k')\}A_1^{(2)} + k'A_2^{(2)} = 0 \tag{5.122}$$

となる．これに (5.114) の ω_2 を代入すると，$k'A_1^{(2)} + k'A_2^{(2)} = 0$ となるので，$A_1^{(2)} = -A_2^{(2)}$ より (5.115) の 2 番目の式になる． ¶

一般解のつくり方

〈基準振動の形〉

自由度 2 のバネ質点系には，1 次と 2 次の固有角振動数 ω_1, ω_2 に対応した基準振動（モード）が存在する．そして，これらに対応する解（変位）x_1, x_2 は (5.109) から求まるが，次数の区別をするために，解 x_1, x_2 にも添字を付けなければならない．

そこで，1 次の固有角振動数 ω_1 の解は

$$x_1^{(1)}(t) = A_1^{(1)}\cos(\omega_1 t + \alpha_1), \qquad x_2^{(1)}(t) = A_2^{(1)}\cos(\omega_1 t + \alpha_1)$$
$$\tag{5.123}$$

とし，2 次の固有角振動数 ω_2 の解は

5.2 いろいろな自由度系の振動

$$x_1^{(2)}(t) = A_1^{(2)} \cos(\omega_2 t + \alpha_2), \qquad x_2^{(2)}(t) = A_2^{(2)} \cos(\omega_2 t + \alpha_2)$$
(5.124)

とする．ここで，運動方程式 (5.106) と (5.107) の解は，(5.123) の $x_1^{(1)}, x_2^{(1)}$ の係数 $A_1^{(1)}, A_2^{(1)}$ を同時に定数倍しても変わらないことに注意すれば，定数を c_1 として (5.123) を

$$x_1^{(1)}(t) = c_1 A_1^{(1)} \cos(\omega_1 t + \alpha_1), \qquad x_2^{(1)}(t) = c_1 A_2^{(1)} \cos(\omega_1 t + \alpha_1)$$
(5.125)

と書いてよい．同様に，(5.124) の解も $A_1^{(2)}, A_2^{(2)}$ に定数 c_2 を掛けて

$$x_1^{(2)}(t) = c_2 A_1^{(2)} \cos(\omega_2 t + \alpha_2), \qquad x_2^{(2)}(t) = c_2 A_2^{(2)} \cos(\omega_2 t + \alpha_2)$$
(5.126)

と書いてよい．

⟨自由振動の一般解⟩

連成振動する 2 個のおもりの運動 x_1, x_2 は，2 つの基準振動 (2 つのモード) の重ね合わせ (線形結合) になるから，$x_1 = x_1^{(1)} + x_1^{(2)}, x_2 = x_2^{(1)} + x_2^{(2)}$ である．つまり，運動方程式 (5.106) と (5.107) に対する一般解 x_1, x_2 は

$$x_1(t) = c_1 A_1^{(1)} \cos(\omega_1 t + \alpha_1) + c_2 A_1^{(2)} \cos(\omega_2 t + \alpha_2) \quad (5.127)$$

$$x_2(t) = c_1 A_2^{(1)} \cos(\omega_1 t + \alpha_1) + c_2 A_2^{(2)} \cos(\omega_2 t + \alpha_2) \quad (5.128)$$

で与えられ，(5.127), (5.128) に現れる 4 つの定数 $c_1, c_2, \alpha_1, \alpha_2$ は境界条件や初期条件から決まる．

1 つの振動数 (つまり，基準振動) だけを励起するには，c_1 と c_2 のどちら

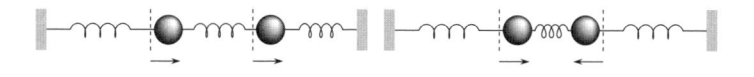

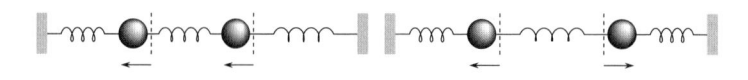

(a) 同位相で振動　　(b) 逆位相で振動

図 5.11　2 個のおもりの基準振動．破線は各おもりの平衡位置を示している．

かをゼロにすればよい．$c_2 = 0$ とすると，x_1, x_2 は ω_1 で振動する．このとき，(5.115) の $A_1^{(1)} : A_2^{(1)} = 1 : 1$ より図 5.11 (a) のように振動する．これを<u>同位相で振動する</u>という（中間のバネは伸び縮みしないから ω_1 に k' は現れない）．一方，$c_1 = 0$ とすると，x_1, x_2 は ω_2 で振動する．このとき，(5.115) の $A_1^{(2)} : A_2^{(2)} = 1 : -1$ より図 5.11 (b) のように振動する．これを<u>逆位相で振動する</u>という．

〈基準座標〉

(5.127), (5.128) の振幅 $(A_1^{(1)}, A_2^{(1)}, A_1^{(2)}, A_2^{(2)})$ 以外は添字が揃っているから

$$Q_l = c_l \cos(\omega_l t + \alpha_l) \qquad (l = 1, 2) \tag{5.129}$$

のようにまとめることができる．この Q_l のことを**基準座標**（あるいは**モード座標**）という．これを使えば，(5.127), (5.128) は

$$x_1 = x_1^{(1)} + x_1^{(2)} = A_1^{(1)} Q_1 + A_1^{(2)} Q_2 = \sum_{k=1}^{2} A_1^{(k)} Q_k \tag{5.130}$$

$$x_2 = x_2^{(1)} + x_2^{(2)} = A_2^{(1)} Q_1 + A_2^{(2)} Q_2 = \sum_{k=1}^{2} A_2^{(k)} Q_k \tag{5.131}$$

のように表される（演習問題 [5.4] を参照）．

　コメント　自由度 2 のバネ質点系で導いた結果は，そのまま自由度 3 以上の系（自由度 n とする）に拡張できる．その方法は，物理量 $x_i, x_i^{(j)}, A_i^{(j)}, Q_j$ などの添字 i, j を単純に 1 から n までとればよい．

　バネ質点系は棒，軸などの細長い物体の振動を表す数学モデルとしてよく用いられる．また，ビルの共振モデル (5.2.4 項を参照) や車の防振解析のモデルとしても役に立っている．

5.2.4　ビルの揺れ

[例題 5.7]

　図 5.12 (a) のような 2 階建てビルがある．これを図 5.12 (b) のように，1 階と 2 階の居室部分を 2 つの質点 (質量 m_1, m_2) と見なし，壁面による支え部分をバネ（バネ定数 k_1, k_2）と見なす．そして，図 5.12 (c) のような非対称なバネ質点系でモデル化する．

5.2 いろいろな自由度系の振動

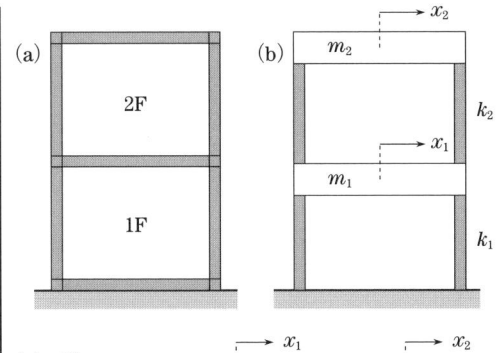

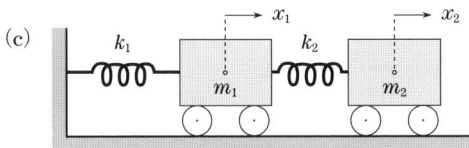

図 5.12 2 階建てビルの振動
(a) 2 階建てビル
(b) 2 階建てビルのモデル化
(c) 自由度 2 の非対称なバネ質点系

平衡点からの変位を x_1, x_2 とすると，この系の運動方程式は

$$m_1 \ddot{x}_1 = -(k_1 + k_2)x_1 + k_2 x_2 \quad (5.132)$$

$$m_2 \ddot{x}_2 = k_2 x_1 - k_2 x_2 \quad (5.133)$$

で表される．

（1）この系のラグランジアン L は

$$L = \frac{m_1}{2}\dot{x}_1^2 + \frac{m_2}{2}\dot{x}_2^2 - \frac{k_1}{2}x_1^2 - \frac{k_2}{2}(x_2 - x_1)^2 \quad (5.134)$$

であることを示しなさい．

（2）この系の基準振動を

$$x_1 = A_1 \cos(\omega t + \phi), \quad x_2 = A_2 \cos(\omega t + \phi) \quad (5.135)$$

として運動方程式 (5.132) と (5.133) に代入すると（ただし，ϕ は初期位相とする）

$$\left.\begin{array}{r}(k_1 + k_2 - m_1\omega^2)A_1 - k_2 A_2 = 0 \\ -k_2 A_1 + (k_2 - m_2\omega^2)A_2 = 0\end{array}\right\} \quad (5.136)$$

のような代数方程式になる．これを利用して，1 次の固有角振動数 ω_1 と 2 次の固有角振動数 ω_2 は

$$\omega_1 = \sqrt{\frac{1}{2}(\alpha - \sqrt{\beta})}, \qquad \omega_2 = \sqrt{\frac{1}{2}(\alpha + \sqrt{\beta})} \qquad (5.137)$$

であることを示しなさい。ただし,

$$\alpha = \frac{k_1 + k_2}{m_1} + \frac{k_2}{m_2}, \qquad \beta = \left(\frac{k_1 + k_2}{m_1} + \frac{k_2}{m_2}\right)^2 - \frac{4k_1 k_2}{m_1 m_2}$$
$$(5.138)$$

である.

(3) 1 次の固有角振動数 ω_1 の固有角振動モード $\boldsymbol{A}^{(1)}$ の成分 $A_1^{(1)}$, $A_2^{(1)}$, および 2 次の固有角振動数 ω_2 の固有振動モード $\boldsymbol{A}^{(2)}$ の成分 $A_1^{(2)}$, $A_2^{(2)}$ に対して

$$\frac{A_2^{(1)}}{A_1^{(1)}} = \frac{m_1}{2k_2}(\alpha' + \sqrt{\beta}), \qquad \frac{A_2^{(2)}}{A_1^{(2)}} = \frac{m_1}{2k_2}(\alpha' - \sqrt{\beta}) \quad (5.139)$$

であることを示しなさい。ただし,

$$\alpha' = \frac{k_1 + k_2}{m_1} - \frac{k_2}{m_2} \qquad (5.140)$$

である.

(4) $m_1 = m_2 = m, k_1 = k_2 = k$ で $A_1^{(1)} = 1, A_1^{(2)} = 1$ とすると, 1 次

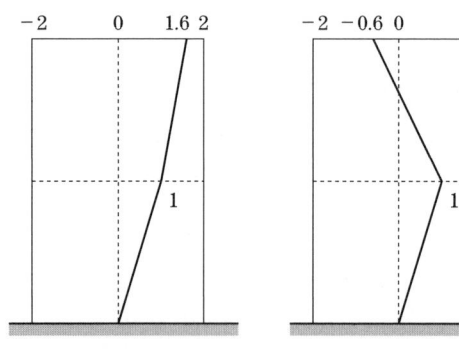

(a) 1 次の固有振動モード (b) 2 次の固有振動モード

図 **5.13** 2 階建てビルの固有振動モード

5.2 いろいろな自由度系の振動

の固有振動モード $\boldsymbol{A}^{(1)}$ と 2 次の固有振動モード $\boldsymbol{A}^{(2)}$ の各成分は

$$(A_1^{(1)}, A_2^{(1)}) = (1, 1.618), \quad (A_1^{(2)}, A_2^{(2)}) = (1, -0.618) \tag{5.141}$$

となることを示しなさい.

このとき,ビルの揺れは図 5.13 のような固有振動モードになる.

〈着眼点と方針〉

（1）では,2 つのバネの変位がそれぞれ x_1 と $x_2 - x_1$ であることに注意してポテンシャルエネルギーを計算すればよい.

（2）では,基準振動 (5.135) を運動方程式 (5.132) と (5.133) に代入して, ω^2 に関する 2 次方程式（特性方程式）を導いて解けばよい.

（3）では,代数方程式 (5.136) の 1 つに ω_1 を代入すれば, $A_1^{(1)}, A_2^{(1)}$ の比が求まる. 同様に計算すれば, ω_2 に対する $A_1^{(2)}, A_2^{(2)}$ も求まる.

（4）では, $m_1 = m_2 = m$, $k_1 = k_2 = k$ のときの固有振動モードを計算してから, $A_1^{(1)} = 1$, $A_1^{(2)} = 1$ とおけばよい.

[解] （1） 2 個のおもりの運動エネルギーは

$$T = \frac{m_1}{2} \dot{x}_1^2 + \frac{m_2}{2} \dot{x}_2^2 \tag{5.142}$$

である. 2 本のバネによるポテンシャルエネルギーは

$$U = \frac{k_1}{2} x_1^2 + \frac{k_2}{2} (x_2 - x_1)^2 \tag{5.143}$$

である. したがって,ラグランジアン $L = T - U$ は (5.134) となる.

（2） A_1 と A_2 に対する代数方程式 (5.136) が意味のある解（自明でない解）をもつためには, A_1 と A_2 の係数からつくった行列式がゼロでなければならない. つまり,

$$\begin{vmatrix} k_1 + k_2 - m_1\omega^2 & -k_2 \\ -k_2 & k_2 - m_2\omega^2 \end{vmatrix} = 0 \tag{5.144}$$

である. これから,固有角振動数は ω^2 に対する 2 次方程式

$$(k_1 + k_2 - m_1\omega^2)(k_2 - m_2\omega^2) - k_2^2$$
$$= m_1 m_2 \omega^4 - \{(k_1 + k_2)m_2 + k_2 m_1\}\omega^2 + k_1 k_2 = 0 \quad (5.145)$$

の解として求まる．ω^2 について解くと (5.137) を得る．

（3） 1 次の固有角振動数 ω_1 に対する固有振動モード $\boldsymbol{A}^{(1)}$ の成分は，$A_1^{(1)}, A_2^{(1)}$ であるから，ω_1 を代数方程式 (5.136) の 1 番目の式に代入すると $(k_1 + k_2 - m_1\omega_1^2)A_1^{(1)} - k_2 A_2^{(1)} = 0$ となる．これに (5.137) の ω_1 を代入すれば，(5.139) の 1 番目の式を得る（(5.136) の 2 番目の式を使っても結果は同じである）．同様の計算を ω_2 に対して行えば，(5.139) の 2 番目の式を得る．

（4） $m_1 = m_2 = m$ と $k_1 = k_2 = k$ を (5.138) と (5.140) に代入すると，$\alpha' = k/m$，$\sqrt{\beta} = \sqrt{5}\,k/m$ である．したがって，(5.139) から

$$\frac{A_2^{(1)}}{A_1^{(1)}} = \frac{1+\sqrt{5}}{2} = 1.618, \quad \frac{A_2^{(2)}}{A_1^{(2)}} = \frac{1-\sqrt{5}}{2} = -0.618 \quad (5.146)$$

を得る．いま，$A_1^{(1)} = 1, A_1^{(2)} = 1$ であるから，(5.146) から $A_2^{(1)} = 1.618, A_2^{(2)} = -0.618$ となる． ¶

コメント 地震などでビルが揺れるようなモデルを考えるときは，地面の可振変位を x_0 として，運動方程式 (5.132) を

$$m_1 \ddot{x}_1 = -k_1(x_1 - x_0) - k_2(x_1 - x_2) \quad (5.147)$$

のように修正すればよい．このとき，運動方程式 (5.147) は強制振動の式になる．このため，可振変位 x_0 を周期外力 $F\cos\omega t$ で与えると，外力の角振動数 ω とビルの固有角振動数（ω_1 または ω_2）が一致するときに共振が起こる．共振を避けるためには，ω と ω_1, ω_2 が一致しないように設計しなければならない．地震対策の 1 つとして，建物の基礎部分に積層ゴムやバネなどを入れて振動を抑える工法（免震工法）もある．

5.3 剛体と連続体の振動

5.3.1 剛体振り子

[例題 5.8]

図 5.14 (a) のように，一様な重力を受けて水平な固定軸（軸受け）の周りに運動する剛体を**剛体振り子**（または**物理振り子**）という．固定軸 O（ここを原点とする）と重心 G のつくる平面は鉛直になるようにとる．

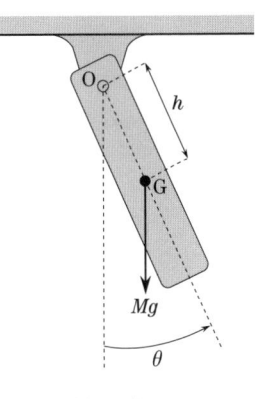

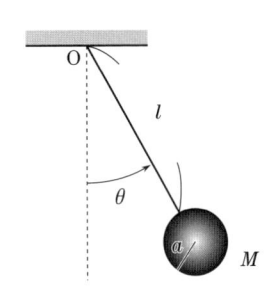

5.3 剛体と連続体の振動

(a) 剛体振り子　　(b) 長さ l のひもの先に半径 a，質量 M の球を付けた振り子

図 5.14　剛体振り子の運動

剛体の質量を M，原点 O の周りの慣性モーメントを I，重心 G と固定軸との距離を h，剛体と鉛直線のなす角を θ とする．このとき，この系の運動方程式は

$$I\ddot{\theta} = -Mgh\sin\theta \tag{5.148}$$

で表される．

（1）この系のラグランジアン L は

$$L = \frac{1}{2}I\dot{\theta}^2 - Mgh(1-\cos\theta) \tag{5.149}$$

で与えられることを示しなさい．ただし，ポテンシャルエネルギーは最下点を基準（ゼロ）にする．

（2）θ は小さいとして運動方程式 (5.148) を解くと，剛体振り子の周期 T は

$$T = 2\pi\sqrt{\frac{I}{Mgh}} \tag{5.150}$$

となることを示しなさい．

（3）I と重心周りの慣性モーメント I_G の間には

という関係が成り立つ（これを慣性モーメントに対する「平行軸の定理」という）．剛体振り子の周期と等しくなる単振り子の長さ l は

$$l = \frac{I_G}{Mh} + h \tag{5.152}$$

であることを示しなさい．

（4）図 5.14 (b) のように，長さ l のひもに質量 M の球（半径 a）をとり付けた振り子の周期 T' は

$$T' = 2\pi\sqrt{\frac{l+a}{g} + \frac{2a^2}{5g(l+a)}} \tag{5.153}$$

となることを示しなさい．ただし，球の重心周りの慣性モーメントは $I_G = 2Ma^2/5$ である．

$$I = I_G + Mh^2 \tag{5.151}$$

〈着眼点と方針〉

（1）では，剛体の振動や回転運動にともなう運動エネルギー T が $I\dot{\theta}^2/2$ であることに注意して，ラグランジアンをつくればよい．

（2）では，$\sin\theta \approx \theta$ に注意して運動方程式 (5.148) を書き換えれば，単振り子の式と同じ形になる．

（3）では，単振り子の周期の式を思い出せば解ける．

（4）では，$h = l + a$ に注意して，慣性モーメント (5.151) を計算すればよい．

[解]（1）ポテンシャルエネルギーは最下点を基準（ゼロ）にとれば

$$U = Mgh(1 - \cos\theta) \tag{5.154}$$

である．剛体の運動エネルギーは $T = I\dot{\theta}^2/2$ なので，ラグランジアン $L = T - U$ は (5.149) となる．

（2）運動方程式 (5.148) は (2.2) のラグランジュの運動方程式

$$\frac{d}{dt}\left(\frac{\partial L}{\partial \dot{\theta}}\right) = \frac{\partial L}{\partial \theta} \tag{5.155}$$

から求まる．運動方程式 (5.148) は θ が小さいと $\sin\theta \approx \theta$ とおけるので

$$\ddot{\theta} = -\frac{Mgh}{I}\theta = -\omega^2\theta \qquad (5.156)$$

となる．これは単振り子の式と同じなので，周期 T は $T = 2\pi/\omega$ より (5.150) となる．

（3） 長さ l の単振り子の周期 T_0 は

$$T_0 = 2\pi\sqrt{\frac{l}{g}} \qquad (5.157)$$

である．これと (5.150) の T が等しいから，$T_0 = T$ より $I/Mgh = l/g$ である．この式の I に (5.151) の I を代入すると (5.152) となる．

（4） $h = l + a$ に注意すると，慣性モーメントは，(5.151) より

$$I = M(l+a)^2 + \frac{2Ma^2}{5} \qquad (5.158)$$

なので，これを (5.150) に代入すると周期 T' は (5.153) になる． ¶

5.3.2 連続体の振動

質点の数 N を大きくとったバネ質点系（これを**格子系**という）は，物理学や工学の様々な問題をモデル化するときに使われる．ここでは，連続体近似によって弦の運動を記述するモデルをつくろう．

―［例題 5.9］―――――――――――

図 5.15 のように，N 個の質点が同一のバネ（バネ定数 k）につながれ，両端が固定された全長 l の格子系がある．いま i 番目の質点の平衡点からの変位を η_i とすると，この質点の運動方程式は

$$m\ddot{\eta}_i = -k(2\eta_i - \eta_{i-1} - \eta_{i+1}) \qquad (i = 1, 2, \cdots, N) \quad (5.159)$$

である．ただし，両端の変位は $\eta_0 = \eta_{N+1} = 0$ とする（コメント 2 を参照）．

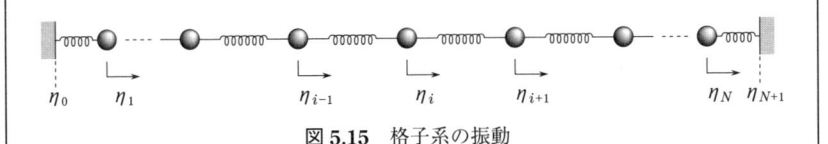

図 5.15 格子系の振動

（1）この系のラグランジアン L が

$$L = \frac{1}{2} \sum_{i=0}^{N} \{m \dot{\eta}_i^2 - k(\eta_{i+1} - \eta_i)^2\} \tag{5.160}$$

で与えられることを示しなさい．

（2）平衡な位置にあるときの格子間隔 a を使って，(5.160) を

$$L = \sum_{i=0}^{N} a \frac{1}{2} \left\{ \frac{m}{a} \dot{\eta}_i^2 - ka \left(\frac{\eta_{i+1} - \eta_i}{a} \right)^2 \right\} \tag{5.161}$$

のように書く．いま，a を非常に小さくし，格子数 N を非常に大きくした

$$a \to dx, \quad \frac{m}{a} \to \mu, \quad \frac{\eta_{i+1} - \eta_i}{a} \to \frac{\partial \eta}{\partial x}, \quad ka \to Y \tag{5.162}$$

のような連続の極限を考えると，総和 $\sum_{i=1}^{N}$ は積分に変わるので，(5.161) は

$$L = \int_0^l dx \frac{1}{2} \left\{ \mu \left(\frac{\partial \eta}{\partial t} \right)^2 - Y \left(\frac{\partial \eta}{\partial x} \right)^2 \right\} = \int_0^l dx\, L_D \tag{5.163}$$

となる．ここで，μ は単位長さ当りの質量（線密度），Y はヤング率である．

このラグランジアン (5.163) に対する作用積分

$$I = \int_{t_1}^{t_2} L\, dt = \frac{1}{2} \int_{t_1}^{t_2} \int_0^l \left\{ \mu \left(\frac{\partial \eta}{\partial t} \right)^2 - Y \left(\frac{\partial \eta}{\partial x} \right)^2 \right\} dx\, dt \tag{5.164}$$

に，ハミルトンの原理を適用して，運動方程式

$$\mu \frac{\partial^2 \eta}{\partial t^2} - Y \frac{\partial^2 \eta}{\partial x^2} = 0 \tag{5.165}$$

を導きなさい．

この (5.165) は，$c = \sqrt{Y/\mu}$ を波の速度にもつ 1 次元の**波動方程式**（x 方向だけに伝わる波の方程式）で，ギターやバイオリンの弦のような柔らかな弦（つまり，剛性をもたない弦）を伝わる縦波を記述する方程式である（演習問題 [5.6] を参照）．

なお，(5.163) の被積分関数 L_D

$$L_\mathrm{D} = \frac{\mu}{2}\left(\frac{\partial \eta}{\partial t}\right)^2 - \frac{Y}{2}\left(\frac{\partial \eta}{\partial x}\right)^2 \tag{5.166}$$

を**ラグランジアン密度**という．

〈着眼点と方針〉

（1）では，i 番目の質点につながっている 2 つのバネの変位が $\eta_{i+1} - \eta_i$ と $\eta_i - \eta_{i-1}$ であることに注意して，$N+1$ 個のバネに対するポテンシャルエネルギーを計算し，運動エネルギーと組み合わせればよい．

（2）では，被積分関数が $\delta\eta\,dx\,dt$ の係数になるように変形すればよい．

[解]　（1）平衡点からの変位が η_i であるから，N 個の質点の運動エネルギーは

$$T = \frac{m}{2}\left(\dot{\eta}_1^2 + \cdots + \dot{\eta}_N^2\right) \tag{5.167}$$

である．一方，バネのポテンシャルエネルギーは

$$U = \frac{k}{2}\left\{(\eta_1 - \eta_0)^2 + (\eta_2 - \eta_1)^2 + \cdots + (\eta_{N+1} - \eta_N)^2\right\} \tag{5.168}$$

だから (5.160) となる（なお，L から (5.159) の導出は，演習問題 [5.5] を参照）．

（2）ハミルトンの原理は，作用積分 (5.164) の変分 δI がゼロになる（停留値をとる）ことである．変分は

$$\delta I = \int_{t_1}^{t_2}\int_0^l \left\{\mu \frac{\partial \eta}{\partial t}\delta\left(\frac{\partial \eta}{\partial t}\right) - Y \frac{\partial \eta}{\partial x}\delta\left(\frac{\partial \eta}{\partial x}\right)\right\}dx\,dt \tag{5.169}$$

である．
　ここで，

$$\begin{aligned}\delta\left(\frac{\partial \eta}{\partial t}\right) &\equiv \frac{\partial \eta(x+\delta x, t)}{\partial t} - \frac{\partial \eta(x,t)}{\partial t}\\ &= \frac{\partial}{\partial t}\{\eta(x+\delta x, t) - \eta(x,t)\} = \frac{\partial}{\partial t}(\delta \eta)\end{aligned} \tag{5.170}$$

であること（つまり，「導関数 $\partial \eta/\partial t$ の変分」＝「変分 $\delta \eta$ の導関数」）に注意すると，(5.169) の右辺の 1 項目は

$$\frac{\partial \eta}{\partial t}\frac{\partial}{\partial t}\delta\eta = \frac{\partial}{\partial t}\left(\frac{\partial \eta}{\partial t}\delta\eta\right) - \left\{\frac{\partial}{\partial t}\left(\frac{\partial \eta}{\partial t}\right)\right\}\delta\eta = \frac{\partial}{\partial t}\left(\frac{\partial \eta}{\partial t}\delta\eta\right) - \frac{\partial^2 \eta}{\partial t^2}\delta\eta \tag{5.171}$$

のように書ける．したがって，(5.169) の右辺の 1 項目の積分は

$$\int_{t_1}^{t_2}\int_0^l \mu \frac{\partial \eta}{\partial t}\delta\left(\frac{\partial \eta}{\partial t}\right)dx\,dt = \int_{t_1}^{t_2}\int_0^l \mu \left\{\frac{\partial}{\partial t}\left(\frac{\partial \eta}{\partial t}\delta\eta\right) - \frac{\partial^2 \eta}{\partial t^2}\delta\eta\right\}dx\,dt$$

$$= \int_0^l \mu\left[\frac{\partial \eta}{\partial t}\delta\eta\right]_{t_1}^{t_2}dx - \int_{t_1}^{t_2}\int_0^l \mu \frac{\partial^2 \eta}{\partial t^2}\delta\eta\,dx\,dt \tag{5.172}$$

となる．ここで，最右辺の 1 項目（境界項）は変分の条件 $\delta\eta(t_1) = 0, \delta\eta(t_2) = 0$ によってゼロになる．また，(5.169) の 2 項目は 1 項目の微分 t を x に変えただけなので

$$\int_{t_1}^{t_2}\int_0^l Y \frac{\partial \eta}{\partial x}\delta\left(\frac{\partial \eta}{\partial x}\right)dx\,dt = -\int_{t_1}^{t_2}\int_0^l Y \frac{\partial^2 \eta}{\partial x^2}\delta\eta\,dx\,dt \tag{5.173}$$

となる．したがって，ハミルトンの原理より，変分 δI はゼロなので

$$\delta I = \int_{t_1}^{t_2}\int_0^l \left(-\mu \frac{\partial^2 \eta}{\partial t^2} + Y \frac{\partial^2 \eta}{\partial x^2}\right)\delta\eta\,dx\,dt = 0 \tag{5.174}$$

である．任意の変分 $\delta\eta$ に対して (5.174) が成り立つためには被積分関数がゼロでなければならないから，(5.165) が導かれる． ¶

コメント1 波動方程式 (5.165) に対するラグランジュの運動方程式を導いておこう．ハミルトンの原理

$$\delta \int_{t_1}^{t_2} L\,dt = 0 \tag{5.175}$$

に，ラグランジアン (5.163) を代入すると

$$\delta \int_{t_1}^{t_2}dt \int_0^l dx\,L_{\rm D}\left(\eta, \frac{\partial \eta}{\partial x}, \frac{\partial \eta}{\partial t}\right) = 0 \tag{5.176}$$

である．この変分計算は

$$\int_{t_1}^{t_2}dt \int_0^l dx \left[\frac{\partial L_{\rm D}}{\partial \eta}\delta\eta + \frac{\partial L_{\rm D}}{\partial\left(\frac{\partial \eta}{\partial x}\right)}\delta\left(\frac{\partial \eta}{\partial x}\right) + \frac{\partial L_{\rm D}}{\partial\left(\frac{\partial \eta}{\partial t}\right)}\delta\left(\frac{\partial \eta}{\partial t}\right)\right]$$

$$= \int_{t_1}^{t_2}dt \int_0^l dx\,\delta\eta\left\{\frac{\partial L_{\rm D}}{\partial \eta} - \frac{\partial}{\partial x}\frac{\partial L_{\rm D}}{\partial\left(\frac{\partial \eta}{\partial x}\right)} - \frac{\partial}{\partial t}\frac{\partial L_{\rm D}}{\partial\left(\frac{\partial \eta}{\partial t}\right)}\right\} = 0 \tag{5.177}$$

となる．ここで $\delta\eta(t_1) = 0$, $\delta\eta(t_2) = 0$ と $\delta\eta(0) = 0$, $\delta\eta(l) = 0$ であることを使った．任意の変分 $\delta\eta$ に対して，(5.177) が成り立つためには，被積分関数がゼロでなけれ

ばならない．ここから，ラグランジュの運動方程式

$$\frac{\partial}{\partial t}\frac{\partial L_{\mathrm{D}}}{\partial\left(\frac{\partial \eta}{\partial t}\right)} + \frac{\partial}{\partial x}\frac{\partial L_{\mathrm{D}}}{\partial\left(\frac{\partial \eta}{\partial x}\right)} - \frac{\partial L_{\mathrm{D}}}{\partial \eta} = 0 \tag{5.178}$$

が導かれる．なお，**ハミルトニアン密度** H_{D} は

$$H_{\mathrm{D}} = \dot{\eta}\frac{\partial L_{\mathrm{D}}}{\partial \dot{\eta}} - L_{\mathrm{D}} \tag{5.179}$$

で定義されるので，(5.166) の L_{D} を代入すると

$$H_{\mathrm{D}} = \frac{1}{2}\mu\dot{\eta}^2 + \frac{1}{2}Y\left(\frac{\partial \eta}{\partial x}\right)^2 \tag{5.180}$$

となる．(5.180) の右辺の 1 項は運動エネルギー密度，2 項はポテンシャルエネルギー密度である．

コメント 2 格子系の両端が固定されている場合，すべての質点の運動を (5.159) だけで記述しようとすると，両端の質点 ($i=1$ と $i=N$) には余計な変位 η_0, η_{N+1} が現れる．この変位を固定端（無限大の質量の格子と見なす）の仮想的な変位と考えてゼロにおけば，両端の質点を特別扱いせずに，すべての i に対して (5.159) が使える．このおかげで，ラグランジアンの形がきれいになり，計算も楽になる．

演 習 問 題

[5.1] 図 5.16 のように，長さ l_1 の糸の先に質量 m_1 のおもりを付け，その先の長さ l_2 の糸の先に質量 m_2 のおもりを付けたものを **2 重振り子** という．この 2 重振り子を 1 つの鉛直面（図の紙面）内で小さく振動させる場合を考えよう．

（1） 運動エネルギー T とポテンシャルエネルギー U は

$$T = \frac{1}{2}m_1 l_1^2 \dot{\theta}_1^2 + \frac{1}{2}m_2(l_1\dot{\theta}_1 + l_2\dot{\theta}_2)^2 \tag{5.181}$$

$$U = \frac{1}{2}(m_1 + m_2)gl_1\theta_1^2 + \frac{1}{2}m_2 g l_2 \theta_2^2 \tag{5.182}$$

で，ラグランジュの運動方程式は

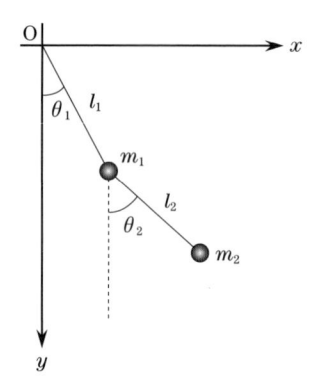

182   5. 振動問題へのアプローチ

図 5.16 2 重振り子の運動

$$(m_1 + m_2) l_1 \ddot{\theta}_1 + m_2 l_2 \ddot{\theta}_2 = - (m_1 + m_2) g \theta_1 \quad (5.183)$$

$$l_1 \ddot{\theta}_1 + l_2 \ddot{\theta}_2 = - g \theta_2 \quad (5.184)$$

となることを示しなさい．ただし，θ_1, θ_2 は 2 本の糸と鉛直線のなす角である．

[☞ 5.1.1 項]

（2） $m_1 = m_2 = m, l_1 = l_2 = l$ とすると，運動方程式 (5.183), (5.184) は

$$2\ddot{\theta}_1 + \ddot{\theta}_2 = - 2\omega_0^2 \theta_1, \quad \ddot{\theta}_1 + \ddot{\theta}_2 = - \omega_0^2 \theta_2 \quad (5.185)$$

となる．ただし，$\omega_0^2 = g/l$ である．基準振動を

$$\theta_1(t) = A_1 \cos (\omega t + \alpha), \quad \theta_2(t) = A_2 \cos (\omega t + \alpha) \quad (5.186)$$

とおくと，1 次と 2 次の固有角振動数は

$$\omega_1 = \sqrt{2 - \sqrt{2}}\, \omega_0, \quad \omega_2 = \sqrt{2 + \sqrt{2}}\, \omega_0 \quad (5.187)$$

となることを示しなさい．

[5.2] 球面振り子のハミルトニアン (5.39) を使って，θ 方向のハミルトンの運動方程式 $\dot{\theta} = \partial H/\partial p_\theta, \dot{p}_\theta = - \partial H/\partial \theta$ を解き，θ 方向の運動方程式

$$ml^2 \ddot{\theta} = \frac{p_\phi^2 \cos \theta}{ml^2 \sin^3 \theta} + mgl \sin \theta \equiv f(\theta) \quad (5.188)$$

を導きなさい．次に，$\theta = \theta_0$ で水平な円周上を定常運動しているとき，わずかに θ 方向の摂動（小さなズレ）ε を加える（$\theta = \theta_0 + \varepsilon$）と，(5.188) は

$$\ddot{\varepsilon} = - \omega^2 \varepsilon, \quad \omega^2 = \frac{g}{l} \frac{1 + 3\cos^2 \theta_0}{- \cos \theta_0} \quad (5.189)$$

のような，単振動の運動になることを示しなさい． [☞ 5.1.2 項]

[5.3] 5.2.3 項で扱った 2 質点系の連成振動は，運動方程式 (5.106) と (5.107) の和と差をつくっても，2 つの基準振動の重ね合わせの解 (5.130) と (5.131) が導けることを示しなさい． [☞ 5.2.3 項]

[5.4] 基準座標 Q_1, Q_2 を使って，運動方程式 (5.106), (5.107) の一般解 x_1, x_2 を

$$x_1 = \frac{1}{\sqrt{2m}}(Q_1 + Q_2), \qquad x_2 = \frac{1}{\sqrt{2m}}(Q_1 - Q_2) \tag{5.190}$$

のようにとると，ラグランジアン (5.108) は

$$L = \frac{1}{2}(\dot{Q}_1^2 + \dot{Q}_2^2) - \frac{1}{2}(\omega_1^2 Q_1^2 + \omega_2^2 Q_2^2) \tag{5.191}$$

となることを示しなさい． [☞ 5.2.3 項]

[5.5] 格子系に対する (5.160) のラグランジアン L から運動方程式 (5.159) が導かれることを，ラグランジュの運動方程式 (2.2) を計算して示しなさい．

[☞ 5.3.2 項]

[5.6] ピアノの弦のような剛性をもった弦のラグランジアン密度を

$$L_{\rm D} = \frac{1}{2}\left\{\mu\left(\frac{\partial \eta}{\partial t}\right)^2 - Y\left(\frac{\partial \eta}{\partial x}\right)^2 - EI\left(\frac{\partial^2 \eta}{\partial x^2}\right)^2\right\} \tag{5.192}$$

とする．ハミルトンの原理を使って，ピアノの弦の横振動に対する波動方程式は

$$\mu\frac{\partial^2 \eta}{\partial t^2} - Y\frac{\partial^2 \eta}{\partial x^2} + EI\frac{\partial^4 \eta}{\partial x^4} = 0 \tag{5.193}$$

であることを示しなさい．ここで，Y は弦のヤング率，μ は弦の線密度，EI は曲げ剛性に関する量である． [☞ 5.3.2 項]

付録　ラグランジュの未定乗数法の導出

ラグランジュの運動方程式 (2.142) は一般座標 q_i に対して n 個の方程式を与える．一方，m 個の束縛条件式 (2.143) は，n 個の q_i に対する束縛条件だから，<u>n 個の q_i のすべてが独立というわけではなく，独立なのは $n-m$ 個の q_i だけである</u>．例えば，$n=3$ と $m=1$ のとき，ラグランジュの運動方程式 (2.142) は q_1, q_2, q_3 に対する 3 個の方程式であり，束縛条件式 (2.143) は $aq_1+bq_2+q_3=0$ のような 1 個の式である（ただし，a, b は問題ごとに与えられる定数とする）．このとき，q_3 は $q_3=-aq_1-bq_2$ のように q_1, q_2 で決まるため，独立変数は $2\,(=3-1=n-m)$ 個になる．

このような問題を一般的に解こうとする場合，最も素朴な方法は (2.142) と (2.143) を組み合わせて，m 個の変数 q_i を消去して $n-m$ 個の (q_i に対する) 独立な運動方程式を求めることである．しかし，この方法では，変数の消去に手間がかかるだけでなく，変数の間の束縛条件式 (例えば，$aq_1+bq_2+q_3=0$) から独立変数だけを取り出すことも一般に難しい．

このような難点をうまく回避しながら問題を解く方法が，ラグランジュの未定乗数法である．この方法では，まず (2.143) の m 個の束縛条件から

$$\lambda_1 f_1 + \cdots + \lambda_m f_m = \sum_{k=1}^{m} \lambda_k f_k = 0 \qquad (\text{A.1})$$

のように，定数 λ_k を掛けたものをつくる．この (A.1) を (2.142) のラグランジアン L に加えて，新しいラグランジアン L'

$$L' = L + \lambda_1 f_1 + \cdots + \lambda_m f_m = L + \sum_{k=1}^{m} \lambda_k f_k \qquad (\text{A.2})$$

を定義する．もちろん，(A.1) は実際にはゼロだから，このように付け加えても問

付録　ラグランジュの未定乗数法の導出

題はない（実質的に $L' = L$ である）．そこで，このラグランジアン L' を使って，ラグランジュの運動方程式

$$\frac{d}{dt}\left(\frac{\partial L'}{\partial \dot{q}_i}\right) = \frac{\partial L'}{\partial q_i} \quad (i = 1, 2, \cdots, n) \tag{A.3}$$

をつくり，n 個の q_i に対する運動方程式を導く．

未知数の数と方程式の数

(A.3) の n 個の微分方程式の中には，$n + m$ 個の未知量（つまり，n 個の q_i と m 個の λ）が含まれている．$n + m$ 個の未知量をすべて決定するためには，当然，$n + m$ 個の方程式が必要だから，このままでは方程式が m 個足りない．そこで，この不足分を m 個の束縛条件式 ((2.143) か (2.147)) で補って，(A.3) の解（$n + m$ 個の未知量）をすべて求めようというのが，ラグランジュの未定乗数法による解法である．

未定乗数法の要になるのはラグランジュの運動方程式 (A.3) である．この導出を次に説明しよう．

(A.3) の導出

まず，束縛条件式 (2.143) に対する変分（q_i と $q_i + \delta q_i$ における f_i の差 δf_i）を考えよう．この場合，変分は (2.143) を満たすようにとらなければならないから

$$\left.\begin{array}{l} \delta f_1 = \dfrac{\partial f_1}{\partial q_1} \delta q_1 + \cdots + \dfrac{\partial f_1}{\partial q_n} \delta q_n = 0 \\ \quad\vdots \\ \delta f_m = \dfrac{\partial f_m}{\partial q_1} \delta q_1 + \cdots + \dfrac{\partial f_m}{\partial q_n} \delta q_n = 0 \end{array}\right\} \tag{A.4}$$

となる．(A.4) が成り立てば，未定の定数 λ_k を掛けて足し合わせた式

$$\lambda_1 \delta f_1 + \cdots + \lambda_m \delta f_m = \sum_{k=1}^{m} \lambda_k \delta f_k = 0 \tag{A.5}$$

も成り立つ．この λ_k をラグランジュの未定乗数という．束縛条件式 (2.143) は任意の時間に対して成り立つから，λ_k も一般に時間の関数である．

ところで，(2.142) のラグランジュの運動方程式は，作用積分 I の停留値がゼロ，すなわち

$$\delta I = \int_{t_1}^{t_2} \left\{ \frac{\partial L}{\partial q_i} - \frac{d}{dt}\left(\frac{\partial L}{\partial \dot{q}_i}\right) \right\} \delta q_i \, dt = 0 \qquad (i = 1, 2, \cdots, n) \qquad (A.6)$$

という条件から導出される．そしてこのとき，δq_i の係数がゼロであるという条件が使われる．しかしその条件には，大きな前提があったことを思い出してほしい．それは，<u>すべての δq_i が独立であるという前提</u>である．いまの場合，(A.4) の束縛条件も同時に満たさなければならないから，明らかに δq_i のすべてが互いに独立であるとはいえない（(A.4) は，いずれも $c_1 \delta q_1 + c_2 \delta q_2 + \cdots + c_n \delta q_n = 0$ とおけることから考えてみよ）．そのため，(A.6) の変分から束縛条件式を満たすラグランジュの運動方程式を導くことはできない．

そこで，(A.6) に束縛条件の項 (A.5) を加えた変分 $\delta I'$

$$\delta I' = \delta I + \int_{t_1}^{t_2} (\lambda_1 \delta f_1 + \cdots + \lambda_m \delta f_m) \, dt = 0 \qquad (A.7)$$

を考えることにする．束縛条件の項は実際にはゼロだから，(A.7) のように式を修正しても何ら問題は生じない．

次に，(A.7) の被積分関数が δq_i でくくり出せるように，(A.7) の被積分関数を $\lambda_1 \delta f_1 + \cdots + \lambda_m \delta f_m$

$$= \lambda_1 \left(\frac{\partial f_1}{\partial q_1} \delta q_1 + \cdots + \frac{\partial f_1}{\partial q_n} \delta q_n \right) + \cdots + \lambda_m \left(\frac{\partial f_m}{\partial q_1} \delta q_1 + \cdots + \frac{\partial f_m}{\partial q_n} \delta q_n \right)$$

$$= \left(\lambda_1 \frac{\partial f_1}{\partial q_1} + \cdots + \lambda_m \frac{\partial f_m}{\partial q_1} \right) \delta q_1 + \cdots + \left(\lambda_1 \frac{\partial f_1}{\partial q_n} + \cdots + \lambda_m \frac{\partial f_m}{\partial q_n} \right) \delta q_n$$

$$(A.8)$$

のように並べ替える．これを (A.7) に代入すると，(A.7) は

$$\delta I' = \sum_{i=1}^{n} \int_{t_1}^{t_2} \left\{ \frac{\partial L}{\partial q_i} - \frac{d}{dt}\left(\frac{\partial L}{\partial \dot{q}_i}\right) + \lambda_1 \frac{\partial f_1}{\partial q_i} + \cdots + \lambda_m \frac{\partial f_m}{\partial q_i} \right\} \delta q_i \, dt$$

$$= \int_{t_1}^{t_2} C_1 \delta q_1 \, dt + \int_{t_1}^{t_2} C_2 \delta q_2 \, dt + \cdots + \int_{t_1}^{t_2} C_n \delta q_n \, dt = 0 \qquad (A.9)$$

となる．もちろん，(A.9) の δq_i は (A.6) と同じだから，δq_i の中には独立でないものが混ざっている．そのため，δq_i の n 個の係数 $C_1, C_2, \cdots, C_n$ すべてを同時にゼロにすることはできない．

しかし，ここで，<u>m 個の未定乗数 $\lambda_1, \lambda_2, \cdots, \lambda_m$ の値が自由に選べることに着目し</u>

付録 ラグランジュの未定乗数法の導出

て，$C_1 = 0, C_2 = 0, \cdots, C_n = 0$ を同時に満足するように $\lambda_1, \lambda_2, \cdots, \lambda_m$ を決めるのである．つまり

$$\frac{\partial L}{\partial q_i} - \frac{d}{dt}\left(\frac{\partial L}{\partial \dot{q}_i}\right) + \lambda_1 \frac{\partial f_1}{\partial q_i} + \cdots + \lambda_m \frac{\partial f_m}{\partial q_i} = 0 \quad (i = 1, 2, \cdots, n)$$

(A.10)

の n 個の方程式に，m 個の束縛条件式 (2.143) を併用して，(A.10) に含まれる $n + m$ 個の未知量をすべて決めるのである．n 個の方程式 (A.10) が，L' のラグランジュの運動方程式 (A.3) である．

演習問題解答

第 1 章

[1.1] (1.7)の r 方向の式 $m\ddot{r} = 0$ を 2 回積分すると $r(t) = c_1 t + c_2$ である (c_1, c_2 は積分定数). 初期条件から $c_1 = 0$, $c_2 = a$ であるから, $r(t) = a$ となる. つまり, この場合の運動は半径 a の円運動であり, r 方向への直線運動にはならない.

このように矛盾した解になったのは, 正しい式 (1.6) にある $-r(d\theta/dt)^2$ の項を無視したためである. 極座標で表したニュートンの運動方程式 (1.6) は一見複雑に見えるが, そこに現れるすべての項がうまくはたらいて正しい解を与えるのである.

[1.2] $x = l\cos\theta$ を θ で微分すると $\partial x/\partial\theta = -l\sin\theta$ で, これを時間 t で微分すると $d(-l\sin\theta)/dt = [d(-l\sin\theta)/d\theta](d\theta/dt) = -l\dot{\theta}\cos\theta$ である. 一方, $dx/dt = (d\theta/dt)(dx/d\theta) = \dot{\theta}(-l\sin\theta)$ を θ で微分すると $\partial(-l\dot{\theta}\sin\theta)/\partial\theta = -l\dot{\theta}\cos\theta$ となり, 両者は一致する.

[1.3] 運動エネルギーは $T = \frac{1}{2}m\dot{x}^2$ であるから, ラグランジアンは $L = T - U$ より $L = \frac{1}{2}m\dot{x}^2 - U(x)$ である.

[1.4] $d\dot{q}^2/dt = 2\dot{q}\ddot{q}$ と $dq^2/dt = 2q\dot{q}$ に注意すると, (1.98) の $m\ddot{q} = -kq$ の両辺に $\dot{q}$ を掛けた $m\dot{q}\ddot{q} = -k\dot{q}q$ は, $d\left(\frac{1}{2}m\dot{q}^2\right)/dt = -d\left(\frac{1}{2}kq^2\right)/dt$ と書ける. これを時間微分 d/dt でくくると, $d\left(\frac{1}{2}m\dot{q}^2 + \frac{1}{2}kq^2\right)/dt = 0$ となる. したがって, $\frac{1}{2}m\dot{q}^2 + \frac{1}{2}kq^2$ は保存する (系の全エネルギーになる).

[1.5] $\dot{H} = (\partial H/\partial q)\dot{q} + (\partial H/\partial p)\dot{p}$ の右辺を, ハミルトンの運動方程式 $\dot{q} = \partial H/\partial p = p/m$, $\dot{p} = -\partial H/\partial q = -kq$ で書き換えると, $\dot{H} = (kq)\dot{q} + (\dot{q})(-kq) = 0$ となる.

第 2 章

[2.1] 極座標 $x = r\cos\theta, y = r\sin\theta$ を $q_1 = r, q_2 = \theta$ で微分すると $\partial x/\partial r = \cos\theta, \partial y/\partial r = \sin\theta$ である。一方，$\dot{x} = \dot{r}\cos\theta - r\dot{\theta}\sin\theta, \dot{y} = \dot{r}\sin\theta + r\dot{\theta}\cos\theta$ を $\dot{q}_1 = \dot{r}, \dot{q}_2 = \dot{\theta}$ で微分すると $\partial\dot{x}/\partial\dot{r} = \cos\theta, \partial\dot{y}/\partial\dot{r} = \sin\theta$ である。同様に，$\partial\dot{x}/\partial\dot{\theta} = \partial x/\partial\theta = -r\sin\theta, \partial\dot{y}/\partial\dot{\theta} = \partial y/\partial\theta = r\cos\theta$ である。したがって，(2.31) は成り立つ。

[2.2] (2.158) の U を $U = q\phi - q(\dot{x}A_x + \dot{y}A_y + \dot{z}A_z)$ のように成分表示してから，(2.161) に代入する。U を $\dot{x}$ で微分するとき，ϕ と $\boldsymbol{A}$ の成分は $\dot{x}$ に依存していないから $\dfrac{\partial U}{\partial \dot{x}} = -q\dfrac{\partial}{\partial \dot{x}}(\dot{x}A_x + \dot{y}A_y + \dot{z}A_z) = -qA_x$ となる。したがって，

$$\frac{d}{dt}\left(\frac{\partial U}{\partial \dot{x}}\right) = -q\frac{dA_x}{dt} = -q\left(\frac{\partial A_x}{\partial t} + \frac{\partial A_x}{\partial x}\dot{x} + \frac{\partial A_x}{\partial y}\dot{y} + \frac{\partial A_x}{\partial z}\dot{z}\right) \quad (1)$$

で与えられる。なお，(1) は粒子の軌道に沿ってとられた微分係数と考えてもよい。

一方，U を x で微分すると，ϕ と $\boldsymbol{A}$ の成分だけがゼロでないから

$$\frac{\partial U}{\partial x} = q\frac{\partial \phi}{\partial x} - q\left(\frac{\partial A_x}{\partial x}\dot{x} + \frac{\partial A_y}{\partial x}\dot{y} + \frac{\partial A_z}{\partial x}\dot{z}\right) \quad (2)$$

となる。これらを一般力 (2.161) に代入して整理すると

$$\frac{Q'}{q} = -\frac{\partial \phi}{\partial x} - \frac{\partial A_x}{\partial t} + \dot{y}\left(\frac{\partial A_y}{\partial x} - \frac{\partial A_x}{\partial y}\right) - \dot{z}\left(\frac{\partial A_x}{\partial z} - \frac{\partial A_z}{\partial x}\right) \quad (3)$$

となる。右辺 1, 2 項目は (2.159) の $\boldsymbol{E}$ の式より

$$E_x = -\frac{\partial \phi}{\partial x} - \frac{\partial A_x}{\partial t} \quad (4)$$

のように，電場の x 成分である。(3) の右辺 3, 4 項目は

$$(\boldsymbol{v} \times \boldsymbol{B})_x = v_y B_z - v_z B_y = \dot{y}(\nabla \times \boldsymbol{A})_z - \dot{z}(\nabla \times \boldsymbol{A})_y \quad (5)$$

と

$$(\nabla \times \boldsymbol{A})_z = \frac{\partial A_y}{\partial x} - \frac{\partial A_x}{\partial y}, \quad (\nabla \times \boldsymbol{A})_y = \frac{\partial A_x}{\partial z} - \frac{\partial A_z}{\partial x} \quad (6)$$

に注意すれば，(3) の右辺 3, 4 項目が磁気力 $\boldsymbol{v} \times \boldsymbol{B}$ の x 成分であることがわかる。したがって，一般力 (2.55) の x 成分 (2.161) がローレンツ力の x 成分 (2.160) を与えることがわかる。

コメント 同様の計算を行なえば，一般力 (2.55) の y, z 成分 (Q_y, Q_z) もローレンツ力の y, z 成分 (F_y, F_z) になることが示せる。その結果，ローレンツ力 (2.157) はポテンシャルエネルギー (2.158) から導かれることが証明される。

[2.3] (2.164) のラグランジアン L をラグランジュの運動方程式 $\dfrac{d}{dt}\left(\dfrac{\partial L}{\partial \dot{x}}\right)$

$-\dfrac{\partial L}{\partial x} = 0$ に代入すると,$\partial L/\partial \dot{x} = 2a\dot{x}, \partial L/\partial x = 2bx$ より $\dfrac{d}{dt}(2a\dot{x}) - 2bx = 2a\ddot{x} + 2\dot{a}\dot{x} - 2bx = 0$ となる.これを運動方程式 (2.162) と比較すると $\dot{a}/a = 2\gamma$,$b/a = -\omega^2$ である.$\dot{a}/a = 2\gamma$ から $a = ce^{2\gamma t}$ で,$b/a = -\omega^2$ から $b = -c\omega^2 e^{2\gamma t}$ である.したがって,$L = ce^{2\gamma t}\dot{x}^2 - c\omega^2 e^{2\gamma t}x^2$ となる.ここで,$\gamma \to 0$ で $L = \dfrac{1}{2}m\dot{x}^2 - \dfrac{1}{2}m\omega^2 x^2$ となることを要請しているから,$c = m/2$ である.したがって,(2.164) は (2.163) となる.

[2.4] 例題 1.4 と同じ計算を q, x に添字を付けて行なえばよい.そうすれば,(1.91) は $(\partial L/\partial \dot{q}_i) = \sum_{j=1}^{f}(\partial L/\partial \dot{x}_j)(\partial x_j/\partial q_i)$ なので,(1.92) は $(d/dt)(\partial L/\partial \dot{q}_i) = \sum_{j=1}^{f}\{(d/dt)(\partial L/\partial \dot{x}_j)\}(\partial x_j/\partial q_i) + \sum_{j=1}^{f}(\partial L/\partial \dot{x}_j)(\partial \dot{x}_j/\partial q_i)$ となる.同様に,(1.93) は $\partial L/\partial q_i = \sum_{j=1}^{f}(\partial L/\partial x_j)(\partial x_j/\partial q_i) + \sum_{j=1}^{f}(\partial L/\partial \dot{x}_j)(\partial \dot{x}_j/\partial q_i)$ となる.これらを使って計算すれば (2.165) を得る.

[2.5] $L(q, \dot{q})$ を時間 t で微分すると $\dot{L} = (\partial L/\partial q)\dot{q} + (\partial L/\partial \dot{q})\ddot{q}$ となる.ラグランジュの運動方程式 $\dot{p} = \partial L/\partial q$ を使って右辺の 1 番目の式を書き換え,一般運動量の定義 $p = \partial L/\partial \dot{q}$ を使って右辺の 2 番目の式を書き換えると,$\dfrac{dL}{dt} = \dot{p}\dot{q} + p\ddot{q} = \dfrac{d(\dot{q}p)}{dt}$ となるので $\dfrac{d}{dt}(\dot{q}p - L) = 0$ と書ける.したがって,$\dot{q}p - L$ は保存量になる.q, p を q_i, p_i におき換えたものが (2.166) である.

[2.6] (1) 原点を端にもつガラス管の形は,図 2.12 (b) のように xy 平面上の直線で表現できる.x 軸とガラス管のなす角度を θ とすると,この直線は $y = (\tan\theta)x$ である.この式に $\tan\theta = \sin\theta/\cos\theta$ を代入したものが (2.167) の $f_1 = 0$ である.また,ガラス管は xy 平面上にあるから $z = 0$ である.この条件が (2.168) の $f_2 = 0$ に当たる.

(2) 運動エネルギー $T = \dfrac{m}{2}(\dot{x}^2 + \dot{y}^2 + \dot{z}^2)$ とポテンシャルエネルギー $U(x, y, z) = mgz$ より,ラグランジアン $L = T - U$ は (2.169) となる.$q_1 = x$ として (2.146) を計算すると

$$\dfrac{d}{dt}\left(\dfrac{\partial L}{\partial \dot{x}}\right) = \dfrac{\partial L}{\partial x} + \lambda_1 \dfrac{\partial f_1}{\partial x} + \lambda_2 \dfrac{\partial f_2}{\partial x} \quad \to \quad m\ddot{x} = 0 + \lambda_1 \sin\omega t + \lambda_2 \times 0 \tag{7}$$

となるので,(2.170) を得る.$q_2 = y, q_3 = z$ に対しても同様の計算を行なえば,(2.171) と (2.172) が得られる.

(3) (2.170) と (2.171) から,r 方向の方程式を導く.このとき,極座標

$x = \cos\omega t, y = r\sin\omega t$ で (2.170) と (2.171) を書き換えると見通しの良い計算ができる. 計算式を簡潔に書くために, $\omega t = \theta$ とおいて, $\sin\omega t = \sin\theta$, $\cos\omega t = \cos\theta$ とおく. さらに, $\sin\theta = S, \cos\theta = C$ のように S, C でサインとコサインを表すことにすると $x = rC, \dot{x} = \dot{r}C - r\dot{\theta}S, \ddot{x} = (\ddot{r} - r\dot{\theta}^2)C - (2\dot{r}\dot{\theta} + r\ddot{\theta})S$ と $y = rS, \dot{y} = \dot{r}S + r\dot{\theta}C, \ddot{y} = (\ddot{r} - r\dot{\theta}^2)S + (2\dot{r}\dot{\theta} + r\ddot{\theta})C$ である. したがって, (2.170) と (2.171) は

$$m\{(\ddot{r} - r\dot{\theta}^2)C - (2\dot{r}\dot{\theta} + r\ddot{\theta})S\} = \lambda_1 S \tag{8}$$

$$m\{(\ddot{r} - r\dot{\theta}^2)S + (2\dot{r}\dot{\theta} + r\ddot{\theta})C\} = -\lambda_1 C \tag{9}$$

となる. λ_1 の項を消すために, (8)×C + (9)×S を計算して $C^2 + S^2 = 1$ を使うと $m(\ddot{r} - r\dot{\theta}^2) = 0$ となり, $\dot{\theta} = \omega$ に注意すると (2.173) になる.

(2.173) の一般解は A, B を任意定数として $r(t) = Ae^{\omega t} + Be^{-\omega t}$ で与えられる. これに初期条件 $r(0) = a, \dot{r}(0) = 0$ を入れると $A = B = a/2$ である. したがって, (2.174) を得る.

(4) $m\ddot{x} = S_x, m\ddot{y} = S_y$ と $S_x = -S\sin\omega t, S_y = S\cos\omega t$ より $m\ddot{x} = -S\sin\omega t, m\ddot{y} = S\cos\omega t$ である. これらを (2.170), (2.171) と比べると, $S = -\lambda_1$ である. つまり, 未定乗数 λ_1 は管が小球におよぼす抗力を表す. ちなみに, この抗力はコリオリの力に基づくものである. なお, $\lambda_2 = mg$ は重力 $-mg$ に抗する z 軸の正方向を向いた垂直抗力を表している.

第 3 章

[3.1] ハミルトニアン $H(r, p_r, \theta, p_\theta) = p_r \dot{r} + p_\theta \dot{\theta} - L(r, \dot{r}, \theta, \dot{\theta})$ の $\dot{r}$ と $\dot{\theta}$ を $p_r = \partial L/\partial \dot{r} = m\dot{r}$ と $p_\theta = \partial L/\partial \dot{\theta} = mr^2 \dot{\theta}$ を使って書き換えると, ハミルトニアン (3.80) となる. ハミルトンの運動方程式 (3.2) は $\dot{r} = \partial H/\partial p_r, \dot{p_r} = -\partial H/\partial r$ と $\dot{\theta} = \partial H/\partial p_\theta, \dot{p_\theta} = -\partial H/\partial \theta$ である. これらを計算すれば, ニュートンの運動方程式 (2.65) が導かれる.

[3.2] 関数 $f(x, y, \cdots, u, v)$ が n 次の同次関数のとき, $x\dfrac{\partial f}{\partial x} + y\dfrac{\partial f}{\partial y} + \cdots + u\dfrac{\partial f}{\partial u} + v\dfrac{\partial f}{\partial v} = nf$ である. これを使うと, 運動エネルギー T は一般速度 $\dot{q}_i$ の 2 次の同次関数であるから, $\dot{q}_i \dfrac{\partial T}{\partial \dot{q}_i} = \dot{q}_1 \dfrac{\partial T}{\partial \dot{q}_1} + \dot{q}_2 \dfrac{\partial T}{\partial \dot{q}_2} + \cdots = 2T$ となり, (3.81) が導かれる.

[3.3] (1) F を t で微分すると $\dfrac{dF}{dt} = \dfrac{\partial F}{\partial q_i} \dot{q}_i + \dfrac{\partial F}{\partial p_i} \dot{p}_i + \dfrac{\partial F}{\partial t}$ となる. $\dot{q}_i$ と $\dot{p}_i$

をハミルトンの運動方程式 (3.2) で書き換えると (3.82) になる.

（2） $\partial F/\partial t = \partial H(q,p)/\partial t = 0$ であるから，(3.82) は $\dot{H} = [H,H] = 0$ となる. よって，H は保存量であることがわかる.

（3） (3.82) から $[q,H] = \dfrac{\partial q}{\partial q}\dfrac{\partial H}{\partial p} - \dfrac{\partial q}{\partial p}\dfrac{\partial H}{\partial q} = \dfrac{\partial H}{\partial p} = \dot{q}$ である. 同様に，$[p,H] = \dfrac{\partial p}{\partial q}\dfrac{\partial H}{\partial p} - \dfrac{\partial p}{\partial p}\dfrac{\partial H}{\partial q} = -\dfrac{\partial H}{\partial q} = \dot{p}$ である. つまり，ハミルトンの運動方程式はポアソンの括弧式で与えられる（ここで，p と q は独立であるものと考えている）.

[3.4] 変数 x, y だけが t の関数だから

$$\frac{dJ(u,v)}{dt} = \frac{d}{dt}\left(\frac{\partial(x,y)}{\partial(u,v)}\right) = \frac{\partial(\dot{x},y)}{\partial(u,v)} + \frac{\partial(x,\dot{y})}{\partial(u,v)} \tag{10}$$

である. 右辺の 1 項目は

$$\frac{\partial(\dot{x},y)}{\partial(u,v)} = \frac{\partial\dot{x}}{\partial u}\frac{\partial y}{\partial v} - \frac{\partial\dot{x}}{\partial v}\frac{\partial y}{\partial u} \tag{11}$$

である. この右辺の時間微分の項は

$$\frac{\partial\dot{x}}{\partial u} = \frac{\partial\dot{x}}{\partial x}\frac{\partial x}{\partial u} + \frac{\partial\dot{x}}{\partial y}\frac{\partial y}{\partial u}, \qquad \frac{\partial\dot{x}}{\partial v} = \frac{\partial\dot{x}}{\partial x}\frac{\partial x}{\partial v} + \frac{\partial\dot{x}}{\partial y}\frac{\partial y}{\partial v} \tag{12}$$

となるので，これらを代入して，整理すると

$$\frac{\partial(\dot{x},y)}{\partial(u,v)} = \frac{\partial\dot{x}}{\partial x}\left(\frac{\partial x}{\partial u}\frac{\partial y}{\partial v} - \frac{\partial x}{\partial v}\frac{\partial y}{\partial u}\right) = \frac{\partial\dot{x}}{\partial x}\frac{\partial(x,y)}{\partial(u,v)} = \frac{\partial\dot{x}}{\partial x}J \tag{13}$$

となる. 同様に

$$\frac{\partial(x,\dot{y})}{\partial(u,v)} = \frac{\partial\dot{y}}{\partial y}J \tag{14}$$

となるので，(3.85) が導かれる.

[3.5] （1） $W'(q,P,t)$ を求めるには，(3.71) の右辺を q, P, t の 1 次式に変えればよい. そのためには，

$$P\dot{Q} = \frac{d}{dt}(PQ) - Q\dot{P} \tag{15}$$

であることを利用して，(3.69) を

$$p\dot{q} - H(q,p,t) = -Q\dot{P} - K(Q,P,t) + \frac{d}{dt}(W + PQ) \tag{16}$$

のように書き換える. ここで，$W' = W + PQ$ とおいて，(16) を書き換えると

$$\frac{dW'}{dt} = p\dot{q} + Q\dot{P} + K(Q,P,t) - H(q,p,t) \tag{17}$$

となるが，(17) の W' は q, P, t の関数だから，全微分 dW'/dt は

第 3 章

$$\frac{dW'}{dt} = \frac{\partial W'}{\partial q}\dot{q} + \frac{\partial W'}{\partial P}\dot{P} + \frac{\partial W'}{\partial t} \tag{18}$$

である．したがって，(17)と(18)が等しい条件から，(3.86)を得る．

（2） 母関数 $W''(p,Q,t)$ を求めるには，(3.71)の右辺を p,Q,t の1次式に変えればよいから

$$p\dot{q} = \frac{d}{dt}(pq) - q\dot{p} \tag{19}$$

を利用して，(3.69)を

$$\frac{d}{dt}(W - pq) = \frac{dW''}{dt} = -q\dot{p} - P\dot{Q} + K(p,Q,t) - H \tag{20}$$

のように書き換える．ここで，$W'' = W - pq$ は(20)の右辺から p,Q,t の関数であることがわかるから，全微分 dW''/dt は

$$\frac{dW''(p,Q,t)}{dt} = \frac{\partial W''}{\partial p}\dot{p} + \frac{\partial W''}{\partial Q}\dot{Q} + \frac{\partial W''}{\partial t} \tag{21}$$

である．したがって，(20)と(21)が等しい条件から，(3.87)を得る．

（3） 母関数 $W'''(p,P,t)$ を求めるには，(20)の右辺を p,P,t の1次式に変えればよいから

$$P\dot{Q} = \frac{d}{dt}(PQ) - Q\dot{P} \tag{22}$$

を利用すると，(20)は

$$\frac{d}{dt}(W'' + PQ) = -q\dot{p} + Q\dot{P} + K(p,P,t) - H(q,p,t) \tag{23}$$

となる．そこで，$W''' = W'' + PQ = W + PQ - pq$ とおくと，W''' は p,P,t の関数だから，全微分 dW'''/dt は

$$\frac{dW'''(p,P,t)}{dt} = \frac{\partial W'''}{\partial p}\dot{p} + \frac{\partial W'''}{\partial P}\dot{P} + \frac{\partial W'''}{\partial t} \tag{24}$$

である．したがって，(23)と(24)が等しい条件から，(3.88)を得る．

[3.6]（1） 一般運動量 $p = \partial L/\partial \dot{q} = m\dot{q}e^{2\gamma t}$ より，$\dot{q} = (p/m)e^{-2\gamma t}$ である．これを使うと，ハミルトニアンは $H = \dot{q}p - L = \dfrac{p^2}{2m}e^{-2\gamma t} + \dfrac{1}{2}m\omega^2 q^2 e^{2\gamma t}$ となる．このハミルトニアンと母関数(3.92)を(3.86)に代入すると $p = Pe^{\gamma t}, Q = qe^{\gamma t}$，$K(Q,P) = \dfrac{P^2}{2m} + \dfrac{1}{2}m\omega^2 Q^2 + \gamma QP$ となる．したがって，ハミルトニアン $K(Q,P)$ をハミルトンの運動方程式(3.53)に代入すれば(3.93)となる．

（2） ハミルトンの運動方程式(3.93)の1番目の式を時間 t で微分して，その式

に2番目の式を代入すると $\ddot{Q} = \dfrac{\dot{P}}{m} + \gamma \dot{Q} = \dfrac{-m\omega^2 Q - \gamma P}{m} + \gamma \dot{Q}$ となる．この式の $\dot{Q}$ に1番目の式を代入すると，単振動の式 $\ddot{Q} + (\omega^2 - \gamma^2)Q = 0$ を得る．したがって，ω^2 と γ^2 の大小関係で3種類の解が得られる．

第 4 章

[4.1] ハミルトニアン $H = \dot{x}_1 p_{x_1} + \dot{x}_2 p_{x_2} - L$ の $\dot{x}_1, \dot{x}_2$ を一般運動量 $p_{x_1} = \partial L / \partial \dot{x}_1 = M\dot{x}_1$ と $p_{x_2} = \partial L / \partial \dot{x}_2 = m\dot{x}_2$ で書き換えると，ハミルトニアンは $H = p_{x_1}^2/2M + p_{x_2}^2/2m - mgx_2$ となる．ハミルトンの運動方程式 (3.3) は $\dot{x}_1 = \partial H / \partial p_{x_1} = p_{x_1}/M$, $\dot{p}_{x_1} = -\partial H / \partial x_1 + Q'_{x_1} = Q'_{x_1}$ と $\dot{x}_2 = \partial H / \partial p_{x_2} = p_{x_2}/m$, $\dot{p}_{x_2} = -\partial H / \partial x_2 + Q'_{x_2} = mg + Q'_{x_2}$ である．一般力 Q'_{x_1}, Q'_{x_2} は張力 S を使って $Q'_{x_1} = S, Q'_{x_2} = -S$ のように与えられる．それらを代入して計算すれば，運動方程式 (4.1), (4.2) に一致することがわかる．

[4.2] $\ddot{x} = dv/dt = (dx/dt)(dv/dx) = v(dv/dx)$ より $v\,dv = \ddot{x}\,dx$ となるので，これに $\ddot{x} = \beta g \sin\theta$ を代入すると $v\,dv = \beta g \sin\theta\,dx$ となる．これを

$$\int_0^v v\,dv = \int_0^l \beta g \sin\theta\,dx \tag{25}$$

のように積分すると，$v^2/2 = l\beta g \sin\theta$ を得る．円柱の慣性モーメントは $I = Ma^2/2$ だから $\beta = 2/3$ である．したがって，$v = 2\sqrt{(lg\sin\theta)/3}$ となる．

[4.3] (1) ビーズの速度 $\boldsymbol{v}$ の成分は，ループの回転による回転軸周りの速さ $\rho\omega$ とループの円周に沿う速さ $a\dot{\phi}$ からなるので，$(\boldsymbol{v})^2 = (a\dot{\phi})^2 + (\rho\omega)^2$ である．これに $\rho = a\sin\phi$ を代入すると，質点の運動エネルギー T は $T = \dfrac{m}{2}(\boldsymbol{v})^2 = \dfrac{m}{2}(a^2\dot{\phi}^2 + a^2\omega^2\sin^2\phi)$ である．一方，ポテンシャルエネルギー U は $U = mga(1 - \cos\phi)$ である．したがって，ラグランジアン $L = T - U$ は (4.76) で与えられる．

このラグランジアン (4.76) をラグランジュの運動方程式に代入して計算すると，ニュートンの運動方程式 (4.77) になることがわかる．

(2) 定常運動では $\ddot{\phi} = 0$ だから，(4.77) の右辺はゼロで $\sin\phi\left(1 - \dfrac{a\omega^2}{g}\cos\phi\right) = 0$ を得る．(4.80) の γ を使ってこの式を表すと，$\sin\phi(1 - \gamma\cos\phi) = 0$ となる．これを満たす解を ϕ^* とすると，$\sin\phi^* = 0$ か $1 - \gamma\cos\phi^* = 0$ である．もし $\sin\phi^* = 0$ であれば，$\phi^* = 0, \pi$ が解である．もし

$1 - \gamma \cos \phi^* = 0$ であれば，$\cos \phi^* = 1/\gamma$ を満たす ϕ^* が解である．ただし，この場合には $\cos \phi^* \leq 1$ の条件が付くから，$\gamma \geq 1$ でなければならない．したがって，(4.78) と (4.79) の結果が得られる．

（3） $\phi = \varepsilon$ の微小振動だから，$\sin \phi = \phi, \cos \phi = 1$ とおける．したがって，運動方程式 (4.77) は $\ddot{\phi} = -(g/a)(1 - \gamma)\phi$ となる．$\gamma < 1$ のとき単振動の式になるから，周期は (4.81) となる．一方，$\gamma > 1$ のときは，解は指数関数的に増大する．

コメント 平衡状態にある物体は固定点（平衡点）で静止している．一般に，物体を固定点からわずかにずらしたときに，元の固定点に戻ったり，固定点の近傍で振動する場合を安定（stable）であるという．そして，この固定点を**安定な固定点**とよぶ．一方，物体が元に戻らずに，その点から離れていく場合は不安定（unstable）であるという．そして，この固定点を**不安定な固定点**とよぶ．したがって，固定点 $\phi^* = 0$ は，$\gamma < 1$ のとき安定であり，$\gamma > 1$ のとき不安定になる．

このように，固定点の安定性はパラメータ γ の大きさに依存して変化する．一般に，パラメータの値とともに，安定な固定点が突然不安定になり，新たに安定な固定点が出現したりして，解の安定性や解の個数が変化する現象を**分岐現象**という．

なお，γ を

$$\gamma = \frac{a\omega^2}{g} = \frac{ma\omega^2 \sin \phi}{mg \sin \phi} = \frac{m\rho\omega^2}{mg \sin \phi} = \frac{遠心力}{重力の接線成分} \tag{26}$$

のように書くと，γ は遠心力と重力の接線成分との比を表していることがわかる．これから容易に想像できるように，ループの回転速度が小さければ（角速度 ω が小さい），固定点 $\phi^* = 0$ から少しずれたビーズは重力によって元の位置に戻ってくる．ところが，ループの回転数を上げて，遠心力が強くなると，固定点 $\phi^* = 0$ から少しずれたビーズは重力と遠心力がつり合う位置まで動いていく．これが $\gamma > 1$ での振る舞いである．一方，固定点 $\phi^* = \pi$ から少しずれたビーズは，常にループをつたって下方に向かう（固定点から離れていく）から不安定になる．

このような分岐現象は解の定性的な振る舞いを大きく変化させるので，工学の分野においては慎重に考慮されなければならない現象である．

[4.4] （1） x を時間 t で微分すると $\dot{x} = \dot{x}' \cos \theta - \dot{y}' \sin \theta - x'\omega \sin \theta - y'\omega \cos \theta = (\dot{x}' - \omega y') \cos \theta - (\dot{y}' + \omega x') \sin \theta$ である $(\omega = \dot{\theta})$．同様に y を時間 t で微分すると $\dot{y} = (\dot{x}' - \omega y') \sin \theta + (\dot{y}' + \omega x') \cos \theta$ である．したがって，運動エネルギー $T = m(\dot{x}^2 + \dot{y}^2)/2$ に $\dot{x}, \dot{y}$ を代入して計算すると，(4.82) となる．

（2） 質点には力がはたらかないから，この系のラグランジアン L は運動エネルギー T に他ならない．一般座標 $q_1 = x', q_2 = y'$ に対するラグランジュの運動方程式 (2.2) は $\dfrac{d}{dt}\left(\dfrac{\partial L}{\partial \dot{x}'}\right) = \dfrac{\partial L}{\partial x'}$ と $\dfrac{d}{dt}\left(\dfrac{\partial L}{\partial \dot{y}'}\right) = \dfrac{\partial L}{\partial y'}$ であるから，これらに $L = T$ を

代入して計算すれば，(4.83) と (4.84) を得る．

なお，(4.83) と (4.84) の右辺 1 項目 $(2m\omega\dot{y}', -2m\omega\dot{x}')$ は，**コリオリの力**を表す．また，右辺 2 項目 $(m\omega^2 x', m\omega^2 y')$ は**遠心力**を表す．これらの力は，座標が慣性系に対して回転していることによって生じる**見かけの力**である．これらの力は質量（厳密にいえば**慣性質量**である）m に比例するので**慣性力**ともよばれる．

　　コメント　　この問題の一般座標 x', y' は，座標変換の式 (2.27) の q が時間 t に依存する場合の座標になっている．

[4.5] θ は非常に小さいので，$\cos\theta \approx 1, \sin\theta \approx \theta$ である．また，$\dot{\theta}^2 \approx 0$ なので，運動方程式 (4.68) と (4.69) は運動方程式 (4.85) と (4.86) になる．

　　コメント　　運動方程式 (4.85) の右辺を外力 $f(\theta) = F - ml\ddot{\theta}$ とおくと，(4.85) は強制振動の式と見なすことができる．同様に，運動方程式 (4.86) の右辺を外力 $g(x) = -ml\ddot{x}$ とおくと，(4.86) も強制振動の式と見なすことができる．

第 5 章

[5.1]（1）おもり m_1 の位置 (x_1, y_1) は $(l_1 \sin\theta_1, l_1 \cos\theta_1)$ で，おもり m_2 の位置 (x_2, y_2) は $(l_1 \sin\theta_1 + l_2 \sin\theta_2, l_1 \cos\theta_1 + l_2 \cos\theta_2)$ である．いま，θ_1, θ_2 は微小なので $\sin\theta \approx \theta, \cos\theta \approx 1$ である．そのため，$y_1 = l_1, y_2 = l_1 + l_2$ となり，鉛直方向は一定なので，おもりの運動は水平方向だけを考えればよい．$x_1 = l_1\theta_1$, $x_2 = l_1\theta_1 + l_2\theta_2$ より，m_1 の速さは $\dot{x}_1 = l_1\dot{\theta}_1$, m_2 の速さは $\dot{x}_2 = l_1\dot{\theta}_1 + l_2\dot{\theta}_2$ となるから運動エネルギー T は (5.181) となる．

一方，ポテンシャルエネルギー U は $\theta_1 = \theta_2 = 0$ のときをゼロにとると $U = m_1 g l_1 (1 - \cos\theta_1) + m_2 g \{l_1 (1 - \cos\theta_1) + l_2 (1 - \cos\theta_2)\}$ である．ここで $\cos\theta_i = 1$ とすると $U = 0$ となり，振り子を動かす力は出てこない．そのため，この計算では $\cos\theta_i = 1 - \theta_i^2/2$ まで近似をあげなければならない．その結果，ポテンシャルエネルギーは (5.182) となる．ラグランジュの運動方程式 $\dfrac{d}{dt}\left(\dfrac{\partial L}{\partial \dot{\theta}_1}\right) = \dfrac{\partial L}{\partial \theta_1}$ と $\dfrac{d}{dt}\left(\dfrac{\partial L}{\partial \dot{\theta}_2}\right) = \dfrac{\partial L}{\partial \theta_2}$ から (5.183) と (5.184) を得る．

（2）運動方程式 (5.183) と (5.184) に基準振動 (5.186) を代入すると $2(\omega_0^2 - \omega^2)A_1 - \omega^2 A_2 = 0, -\omega^2 A_1 + (\omega_0^2 - \omega^2)A_2 = 0$ という代数方程式を得る．これから特性方程式をつくると $\omega^4 - 2(\omega_0^2 - \omega^2)^2 = 0$ となるので，$\omega^2 = \pm\sqrt{2}(\omega_0^2 - \omega^2)$ より $\omega^2 = (2 \mp \sqrt{2})\omega_0^2$ である．これから ω_1, ω_2 を得る．

[5.2] 一般運動量 $p_\phi = \partial L/\partial\dot{\phi} = ml^2\dot{\phi}\sin^2\theta$ を使って，θ 方向の運動方程式 (5.35) の $\dot{\phi}$ を消去すると (5.188) になる．

第 5 章   197

$\theta = \theta_0$ で定常運動しているとき $f(\theta_0) = 0$ である．定常運動に摂動 $\theta = \theta_0 + \varepsilon$ が加わった後の運動は，$f(\theta)$ のテイラー展開 $f(\theta_0 + \varepsilon) = f(\theta_0) + \varepsilon\, df(\theta_0)/d\theta$ から求めることができる．$df(\theta_0)/d\theta$ の計算は

$$\frac{df(\theta_0)}{d\theta} = \frac{df(\theta)}{d\theta}\bigg|_{\theta=\theta_0} = -\frac{p_\phi^2}{ml^2 \sin^2\theta_0} - \frac{3p_\phi^2 \cos^2\theta_0}{ml^2 \sin^4\theta_0} + mgl\cos\theta_0 \quad (27)$$

である．これに $f(\theta_0) = 0$ から得られる式 $p_\phi^2 = -m^2gl^3 \sin^4\theta_0/\cos\theta_0$ を使って (27) の p_ϕ^2 を消去すると，$\dfrac{df(\theta_0)}{d\theta} = \dfrac{mgl\sin^2\theta_0}{\cos\theta_0} + 3mgl\cos\theta_0 + mgl\cos\theta_0 = \dfrac{mgl}{\cos\theta_0} + \dfrac{3mgl\cos^2\theta_0}{\cos\theta_0} = -mgl\left(\dfrac{1 + 3\cos^2\theta_0}{-\cos\theta_0}\right)$ となる．一方，$ml^2\ddot{\theta} = ml^2\ddot{\varepsilon}$ である．したがって，(5.189) を得る．

[5.3] 運動方程式 (5.106) と (5.107) の和は $m(\ddot{x}_1 + \ddot{x}_2) = -k(x_1 + x_2)$ であり，差は $m(\ddot{x}_1 - \ddot{x}_2) = -(k + 2k')(x_1 - x_2)$ である．基準座標 Q_1, Q_2 を $Q_1 = x_1 + x_2, Q_2 = x_1 - x_2$ とすれば，運動方程式は $\ddot{Q}_1 = -\omega_1^2 Q_1, \ddot{Q}_2 = -\omega_2^2 Q_2$ のように，2 つの基準振動の式になる．解 x_1, x_2 は $x_1 = (Q_1 + Q_2)/2, x_2 = (Q_1 - Q_2)/2$ のように書けるので，2 つの基準振動の重ね合わせの解 (5.130) と (5.131) になる．

[5.4] (5.190) から得られる $x_1^2 + x_2^2 = (Q_1^2 + Q_2^2)/m$ と $\dot{x}_1^2 + \dot{x}_2^2 = (\dot{Q}_1^2 + \dot{Q}_2^2)/m$ と $(x_2 - x_1)^2 = 2Q_2^2/m$ をラグランジアン (5.108) に代入して，$\omega_1^2 = k/m, \omega_2^2 = (k + 2k')/m$ に注意すると (5.191) を得る．

[5.5] ラグランジュの運動方程式 (2.2) で $q_i = \eta_i$ とおき，特定の i 番目の質点の運動だけに着目すると，(5.160) の $\sum$ は外せるので $\dfrac{d}{dt}\left(\dfrac{\partial L}{\partial \dot{\eta}_i}\right) = \dfrac{d}{dt}\left(\dfrac{\partial T}{\partial \dot{\eta}_i}\right) = \dfrac{d}{dt}(m\dot{\eta}_i) = m\ddot{\eta}_i$，$\dfrac{\partial L}{\partial \eta_i} = -\dfrac{\partial U}{\partial \eta_i} = -\dfrac{k}{2}\dfrac{\partial}{\partial \eta_i}\{(\eta_i - \eta_{i-1})^2 + (\eta_{i+1} - \eta_i)^2\}$ となる．2 番目の式の $-\partial U/\partial \eta_i$ は質点にかかる力を表すが，確かに $-k(\eta_i - \eta_{i-1})$ は左側のバネによる力，$+k(\eta_{i+1} - \eta_i)$ は右側のバネによる力である．

[5.6] ハミルトンの原理は，作用積分

$$I = \int_{t_1}^{t_2} L\, dt = \frac{1}{2}\int_{t_1}^{t_2}\int_0^l \left\{\mu\left(\frac{\partial \eta}{\partial t}\right)^2 - Y\left(\frac{\partial \eta}{\partial x}\right)^2 - EI\left(\frac{\partial^2 \eta}{\partial x^2}\right)^2\right\} dx\, dt \quad (28)$$

の変分 δI がゼロになる（停留値をとる）ことである．変分は

$$\delta I = \int_{t_1}^{t_2}\int_0^l \left\{\mu\frac{\partial \eta}{\partial t}\delta\left(\frac{\partial \eta}{\partial t}\right) - Y\frac{\partial \eta}{\partial x}\delta\left(\frac{\partial \eta}{\partial x}\right) - EI\frac{\partial^2 \eta}{\partial x^2}\delta\left(\frac{\partial^2 \eta}{\partial x^2}\right)\right\} dx\, dt \quad (29)$$

である．右辺の 1, 2 項目は (5.172), (5.173) と同じだから，3 項目だけを計算する．まず，3 項目は

$$\frac{\partial^2 \eta}{\partial x^2} \delta\left(\frac{\partial^2 \eta}{\partial x^2}\right) = \frac{\partial}{\partial x}\left(\frac{\partial^2 \eta}{\partial x^2} \delta \frac{\partial \eta}{\partial x}\right) - \frac{\partial^3 \eta}{\partial x^3} \delta \frac{\partial \eta}{\partial x}$$

$$= \frac{\partial}{\partial x}\left(\frac{\partial^2 \eta}{\partial x^2} \delta \frac{\partial \eta}{\partial x}\right) - \left\{\frac{\partial}{\partial x}\left(\frac{\partial^3 \eta}{\partial x^3} \delta \eta\right) - \frac{\partial^4 \eta}{\partial x^4} \delta \eta\right\} \quad (30)$$

のように変形できることに注意しよう．ここで，2段目の式の2項目の｛ ｝内の式は，1段目の式の2項目の $\frac{\partial^3 \eta}{\partial x^3} \delta \frac{\partial \eta}{\partial x}$ を書き換えたものである．これを使うと

$$\int_{t_1}^{t_2}\int_0^l \frac{\partial^2 \eta}{\partial x^2} \delta\left(\frac{\partial^2 \eta}{\partial x^2}\right) dx\, dt$$

$$= \int_{t_1}^{t_2}\left\{\left[\frac{\partial^2 \eta}{\partial x^2} \delta \frac{\partial \eta}{\partial x}\right]_0^l - \left[\frac{\partial^3 \eta}{\partial x^3} \delta \eta\right]_0^l\right\} dt + \int_{t_1}^{t_2}\int_0^l \frac{\partial^4 \eta}{\partial x^4} \delta \eta\, dx\, dt$$

$$= \int_{t_1}^{t_2}\int_0^l \frac{\partial^4 \eta}{\partial x^4} \delta \eta\, dx\, dt \quad (31)$$

となる．境界項は境界条件と変分条件からゼロになる．以上より，変分は

$$\delta I = \int_{t_1}^{t_2}\int_0^l \left(-\mu \frac{\partial^2 \eta}{\partial t^2} + Y \frac{\partial^2 \eta}{\partial x^2} - EI \frac{\partial^4 \eta}{\partial x^4}\right) \delta \eta\, dx\, dt = 0 \quad (32)$$

となる．任意の変分 $\delta \eta$ に対して (32) が成り立つためには，被積分関数がゼロでなければならない．したがって，(5.193) が導かれる．

コメント ピアノの弦のモデルとして方程式 (5.193) を扱ったが，この式は剛性をもった細長い構造体や，柱や梁とよばれる細長い棒の横振動を記述する標準的な方程式である．

さらに勉強するために

本書は解析力学の基礎的な内容を扱っているので，さらに広く深く解析力学を学ぶために役立つと思われるものをいくつか挙げておく．なお，本書の執筆においても，下記の書物からいろいろと学び，参考にさせて頂いたことを付記しておく．

（1） 原島 鮮 著：「力学II —解析力学—」（裳華房）
（2） 小出昭一郎 著：「解析力学」（岩波書店）
（3） 久保謙一 著：「解析力学」（裳華房）
　　いずれも，丁寧な記述で標準的な本である．
（4） シュポルスキー 著，玉木英彦，細谷資明，井田幸次郎，松平 升 共訳：「原子物理学I」（東京図書）
　　原子物理学の古典的な大著（3巻）であるが，解析力学を平明に初等的に記述した第1巻の5章は，いまも一読の価値があるだろう．
（5） バージャー-オルソン 共著，戸田盛和，田上由紀子 共訳：「力学 —新しい視点にたって—」（培風館）
　　ラグランジュの運動方程式とハミルトンの運動方程式の簡潔な説明と，それらの簡単な応用例がわかりやすく解説された小節がある．
（6） ゴールドシュタイン 著，野間 進，瀬川富士 共訳：「古典力学」（吉岡書店）
　　かなり高度な内容と広い領域をカバーしており，研究者には定評のある大著である．
（7） ゴールドシュタイン，ポール，サーフコ 共著，矢野 忠，江沢康生，渕崎員弘 共訳：「古典力学（原著第3版）」（吉岡書店）
　　（6）の内容に，現代の物理学の発展やハミルトン形式が不可欠な「古典

カオス」の問題などを取り入れた改訂版である．
(8) 瀬藤憲昭 著：「古典力学 問題のとき方（ゴールドスタインほか ―原著第3版に基づいて―）」（吉岡書店）

(7)に含まれるすべての問題に対する解法が懇切丁寧に示されているだけでなく，解法に対する様々な"注意"も随所に述べられており，学習者への教育的な配慮に溢れた力作である．

(9) ランチョス 著：「The variational principles of mechanics (fourth edition)」(Dover)

解析力学の基礎的な諸概念と変分法や変分原理などの数学的な基礎が，それらの歴史的な背景とともに丁寧に語られており，解析力学の深さと面白さが学べる好著である．

(10) 高橋 康 著：「量子力学を学ぶための 解析力学入門」（講談社）

(9)に含まれる重要な諸概念の幾つかを噛みくだいて解説し，量子力学と解析力学との関係を丁寧に説いた好著である．

本書で扱った工学的な振動問題やロボットの運動に関して多くの工学系書籍を参考にさせて頂いたが，特に下記の書物からは多くを学び，参考にさせて頂いたことを付記しておきたい．

(11) 日高照晃，小田 哲，川辺尚志，曽我部勇次，吉田和信 共著：「機械力学」（朝倉書店）
(12) 白水俊次 著：「ロボット工学」（コロナ社）

索　引

ア

r 方向の単位ベクトル　8
アインシュタインの規約　46
安定な固定点　195

イ

位相空間　3, 85, 91, 93
位相点　93
位相流体　93
1次の固有角振動数　166
一般運動量　18, 25, 51
一般座標　16, 40
一般速度　17, 45
一般力　20, 48
意味のある解　166

ウ

運動エネルギー　15
運動の積分　55
運動量の恒量　31
運動量保存則　118

エ

遠心力　196

オ

オイラー方程式　71

オイラー-ラグランジュ方程式　71

カ

解軌道　97
解析力学　1
解の一意性　74
拡張されたハミルトンの原理　104
仮想的な運動　144
仮想変位　68, 69
慣性質量　196
慣性力　196
完全導関数　32

キ

基準座標　170
基準振動　164, 165
軌跡　93
強制振動　155
共変性　3, 28
共役な運動量　89
極値問題　64

コ

格子系　177
拘束条件　38
剛体振り子　174
固定点　138
　安定な——　195
　不安定な——　195

固有角振動数　166
　1次の——　166
　2次の——　166
固有振動　165
　——モード　166
固有ベクトル　166
コリオリの力　196

サ

最小作用の原理　73
逆立ち振り子　136
座標変換　16
作用　72
　——積分　72
散逸関数　62
散逸系　102

シ

θ 方向の単位ベクトル　8
時間　11
次元解析　12
仕事　15
質点系　38
質量　11
　慣性——　196
自明な解　165
自由運動　37
自由度　37
　多——の力学系　3
循環座標　55

索引

循環変数　55
振動数方程式　166

ス
スカラー積　56
スカラー方程式　3, 48

セ
正準変換　3, 85, 103
正準変数　89, 103
セパラトリクス　146
線形近似　136
全微分　32

ソ
相面積　99
測度　97
束縛運動　38, 77
束縛条件　38
　——式　77
束縛方程式　78

タ
代表点　93
多自由度の力学系　3
ダッシュポット　157
ダミーの添字　46
単位ベクトル　6
　r方向の——　8
　θ方向の——　8

チ
超体積　101

テ
定常運動　138
停留値　64
　——問題　64

ト
同次方程式　160
　非——　160
特解　158
特性方程式　166
トラジェクトリー　93, 142

ナ
長さ　11

ニ
2次の固有角振動数　166
2重振り子　181

ネ
粘性減衰力　61

ハ
配位空間　91
波動方程式　178
バネ振り子　53
ハミルトニアン　30, 87
　——密度　181
ハミルトン系　101
ハミルトン形式　1, 3
ハミルトンの運動方程式　30, 88
ハミルトンの原理　36, 72
　拡張された——　104
　変形——　104
ハミルトンの正準方程式　30, 88
ハミルトンの変分原理　72
パラメータ励振　152
汎関数　67

ヒ
非同次方程式　160
非保存力　24

フ
不安定な固定点　195
物理振り子　174
分岐現象　195

ヘ
平衡点　138
ベクトル方程式　1, 3
変形ハミルトンの原理　104
変数変換　16
変分　68, 69
　——学　70
　——法　36, 64
　——問題　67
　ハミルトンの——原理　72

ホ
ポアソンの括弧式　90,

索引

111
母関数　108
保存系　102
保存量　31, 55
ポテンシャルの井戸　145
ポテンシャルエネルギー　15

マ

マシュー方程式　155

ミ

見かけの力　21, 48, 196

ム

無限小の変化　69

モ

モード　165
　——座標　170

ヤ

ヤコビアン　99

ユ

有界な領域　98

ラ

ラグランジアン　22, 49
　——密度　179
ラグランジュ形式　1, 3
ラグランジュの運動方程式　23
ラグランジュの未定乗数　79
　——法　36

リ

リウヴィルの定理　96
力学系　38
　多自由度の——　3

ル

ルジャンドル変換　89

レ

連成振動　164

ロ

ローレンツ力　82

著者略歴

河辺　哲次（かわべ　てつじ）

1949年　福岡県出身
1972年　東北大学工学部原子核工学科卒
1977年　九州大学大学院理学研究科（物理学）博士課程修了（理学博士）
　その後，高エネルギー物理学研究所（現：高エネルギー加速器研究機構KEK）助手，九州芸術工科大学助教授，同教授，九州大学大学院教授を経て，現在，九州大学名誉教授．
　その間，文部省在外研究員としてコペンハーゲン大学のニールス・ボーア研究所（デンマーク国）に留学．専門は素粒子論，場の理論におけるカオス現象，非線形振動・波動現象，音響現象．
著書：「スタンダード 力学」，「ベーシック 電磁気学」，「大学初年級でマスターしたい 物理と工学のベーシック数学」，「ファーストステップ 力学」，「物理学を志す人の 量子力学」，「物理学レクチャーコース 相対性理論」（以上，裳華房）
訳書：「マクスウェル方程式」，「物理のための ベクトルとテンソル」，「算数でわかる 天文学」，「波動」，「ファインマン物理学 問題集 1，2」，「シュレーディンガー方程式」（以上，岩波書店）「量子論の果てなき境界」，「シンプルな物理学」（以上，共立出版）

工科系のための　解析力学

2012年11月20日　第1版1刷発行
2016年 1月15日　第2版1刷発行
2024年 5月30日　第2版5刷発行

検印省略

定価はカバーに表示してあります．

著作者　　河辺　哲次
発行者　　吉野　和浩
発行所　　東京都千代田区四番町 8-1
　　　　　電　話　03-3262-9166（代）
　　　　　郵便番号　102-0081
　　　　　株式会社　裳　華　房
印刷所　　横山印刷株式会社
製本所　　株式会社　松　岳　社

一般社団法人
自然科学書協会会員

JCOPY　〈出版者著作権管理機構 委託出版物〉
本書の無断複製は著作権法上での例外を除き禁じられています．複製される場合は，そのつど事前に，出版者著作権管理機構（電話03-5244-5088, FAX 03-5244-5089, e-mail: info@jcopy.or.jp）の許諾を得てください．

ISBN 978-4-7853-2240-3

© 河辺哲次, 2012　　Printed in Japan

本質から理解する 数学的手法

荒木　修・齋藤智彦 共著　Ａ５判／210頁／定価 2530円（税込）

　大学理工系の初学年で学ぶ基礎数学について，「学ぶことにどんな意味があるのか」「何が重要か」「本質は何か」「何の役に立つのか」という問題意識を常に持って考えるためのヒントや解答を記した．話の流れを重視した「読み物」風のスタイルで，直感に訴えるような図や絵を多用した．
【主要目次】1. 基本の「き」　2. テイラー展開　3. 多変数・ベクトル関数の微分　4. 線積分・面積分・体積積分　5. ベクトル場の発散と回転　6. フーリエ級数・変換とラプラス変換　7. 微分方程式　8. 行列と線形代数　9. 群論の初歩

力学・電磁気学・熱力学のための 基礎数学

松下　貢 著　Ａ５判／242頁／定価 2640円（税込）

　「力学」「電磁気学」「熱力学」に共通する道具としての数学を一冊にまとめ，豊富な問題と共に，直観的な理解を目指して懇切丁寧に解説．取り上げた題材には，通常の「物理数学」の書籍では省かれることの多い「微分」と「積分」，「行列と行列式」も含めた．
【主要目次】1. 微分　2. 積分　3. 微分方程式　4. 関数の微小変化と偏微分　5. ベクトルとその性質　6. スカラー場とベクトル場　7. ベクトル場の積分定理　8. 行列と行列式

大学初年級でマスターしたい 物理と工学の ベーシック数学

河辺哲次 著　Ａ５判／284頁／定価 2970円（税込）

　手を動かして修得できるよう具体的な計算に取り組む問題を豊富に盛り込んだ．
【主要目次】1. 高等学校で学んだ数学の復習 －活用できるツールは何でも使おう－　2. ベクトル －現象をデッサンするツール－　3. 微分 －ローカルな変化をみる顕微鏡－　4. 積分 －グローバルな情報をみる望遠鏡－　5. 微分方程式 －数学モデルをつくるツール－　6. ２階常微分方程式 －振動現象を表現するツール－　7. 偏微分方程式 －時空現象を表現するツール－　8. 行列 －情報を整理・分析するツール－　9. ベクトル解析 －ベクトル場の現象を解析するツール－　10. フーリエ級数・フーリエ積分・フーリエ変換 －周期的な現象を分析するツール－

物理数学　［物理学レクチャーコース］

橋爪洋一郎 著　Ａ５判／354頁／定価 3630円（税込）

　物理学科向けの通年タイプの講義に対応したもので，数学に振り回されずに物理学の学習を進められるようになることを目指し，学んでいく中で読者が疑問に思うこと，躓きやすいポイントを懇切丁寧に解説している．また，物理学科の学生にも人工知能についての関心が高まってきていることから，最後に「確率の基本」の章を設けた．
【主要目次】0. 数学の基本事項　1. 微分法と級数展開　2. 座標変換と多変数関数の微分積分　3. 微分方程式の解法　4. ベクトルと行列　5. ベクトル解析　6. 複素関数の基礎　7. 積分変換の基礎　8. 確率の基本

裳華房ホームページ　**https://www.shokabo.co.jp/**